多媒体声音设计

[美] 约瑟夫·坎塞莱罗　著

王婧雅　姜昕　齐宇飞　译

中国科学技术出版社
·北 京·

图书在版编目(CIP)数据

多媒体声音设计／（美）坎塞莱罗著；王婧雅，姜昕，齐宇飞译.—北京：中国科学技术出版社，2014

（优秀动漫游系列教材）

ISBN 978 - 7 - 5046 - 6656 - 7

Ⅰ. ①多… Ⅱ. ①坎… ②王… ③姜… ④齐… Ⅲ. ①多媒体技术—数字音频技术—教材 Ⅳ. ①TN912.2

中国版本图书馆 CIP 数据核字（2014）第 131888 号

书名原文：Exploring sound design for interactive media

著作权合同登记号：01 - 2009 - 5437

出 版 人	苏　青
策划编辑	肖　叶
责任编辑	邵　梦
封面设计	阳　光
责任校对	王勤杰
责任印制	马宇晨

中国科学技术出版社出版

北京市海淀区中关村南大街 16 号　邮政编码：100081

电话：010 - 62173865　传真：010 - 62179148

http://www.cspbooks.com.cn

科学普及出版社发行部发行

北京盛通印刷股份有限公司印刷

*

开本：700 毫米 × 1000 毫米　1/16　印张：14.75　字数：250 千字

2015 年 7 月第 1 版　2015 年 7 月第 1 次印刷

印数：1 - 5000 册　定价：43.00 元

ISBN 978 - 7 - 5046 - 6656 - 7/TN · 47

序　言

目标读者

《多媒体声音设计》是写给学习声音制作的学生和专业人士的，但也并不仅限于此。声音设计的许多方面目前还仍在探索中，包括一些音乐导论级的内容，即使是对经验丰富的声音设计师来说也十分有用。

我一直认为，循序渐进的方法对于学生们打下一个进行声音设计的良好基础是十分必要的。在这本书中，声音科学的各个方面以及数字音频的技术问题都被囊括在内，没有这些内容就非常难以深入声音设计的概念中来。一旦能够透彻地理解这些内容之后，就进入到声音设计和音乐理论的领域。

如果你对互动媒体的声音设计原理感兴趣，本书就是你所需要的。学习声音的学生们是让我写这本书的最初动力，但是随着撰写工作的进展，我意识到，即使有些内容在书中并没有给予特别的强调，但是这些内容对于那些在这个领域专业上非常活跃的人们仍然很重要。

本书的背景

写这本书是因为我意识到，在声音专业的学习中，缺少一本能够介绍与声音设计相关的一些主要问题以及它与互动媒体之间关系的书籍。许多学生都是在缺乏声音及声音原理相关知识的情况下进入课堂的。这本书分为两个级别：导论级（介绍了声学的基本原理、录音和还音、数字音频以及许多实例来帮助学生更熟悉业内使用的数字工具，同时网页声音一体化的内容也有所涉及）和高级的声音设计级（包括线性和非线性视觉媒体中的声音所具有的心理学的和音乐的隐含意义）。这本书中所包含的信息来源于两方面：一方面是我自己的经验——包括教学的经验和在这个行业中作为作曲家和声音设计师的工作经验；另一方面来自于一些可靠的资料。我的主要目的是提出声音的一些较为困难的方面将之转化为一种能够易于读者掌握的形式。

最后，《多媒体声音设计》一书也同样考虑到了专业人员的需要。和许多声音设计师一起工作帮助我了解了现在的专业人员的需求。许多声音设计师都希望学习和了解音乐理论。音乐理论提供了对声音设计工艺与整个声轨的关系的敏锐洞察力。本书还有一章介绍音乐导论，相信应该会激励那些有经验的声音设计师和高年级的学生们进行更深入的音乐研究。

这本书的前提是建立在学生应当学会如何学习的设想上的。书中本来可以给出更多的信息，但是学生被鼓励去通过独立的调研来发现具体问题的更多信息。我希望，无论是专业人员还是学生们都能够通过阅读这本书获得足够的知识来提升他们的专业水准。总而言之，学习任何东西，特别是声音和音乐，都需要无限的好奇心和一种对这个专业的热爱。

本书的组成

《多媒体声音设计》一书分为两个部分。

第一篇总结了在声音的应用方面的考虑以及数字音频（包括制作音频和运用计算机处理）。第一章探讨了声学的一些基本原理：声音在空间中运动的各种方式以及为多媒体工程制作声音时所必要的声学；第二章研究了传声器、扬声器和控制台以及对声音设计师来说它们是如何有用的；第三章讨论了数字音频理论的基本要点及常见的误差类型；第四章介绍了工作站中声音制作常用的一些软件和硬件。针对一个既定的工程获得最佳音频质量的技巧和技术进行了讨论。

第二篇研究了声音设计的理论方面。第五章概述了音乐理论，并且将音乐和声音之间的共性联系到了一起；第六章进入了本书的核心内容——探讨了声音设计的原理，这一部分内容可以帮助声音设计初学者开始起步，无论他们是在线性还是非线性的环境下设计声音；第七章和第八章涵盖了网页、流媒体和 MIDI 的声音设计技术和理论；最后，第九章以音频为主要工具，提供了一些构筑互动 3D 空间的 3D 框架的构筑软件，同时还介绍了不同种类可用的游戏编辑器和 3D 程序包。

特点

· 研究与游戏引擎和游戏编辑器相适应的音频技术，并且给出了实际的例子，促进使用者自己解决他们的问题。

· 涵盖了声音设计师最直接需要用到的概念，以及对频率的理解和传统和声学中音程的关系与和声的关系。

· 具有为声音设计师提供的一个独特的音乐理论概述，并且在概述中突出了声音与画面间在心理学和声学上的关系。

· 内容在逻辑上层层推进，图片清晰且意义明确，提出了成为成功的互动媒体声音设计师的建设性方法。

· 为初学者简明扼要地介绍了声学原理和数字音频。

· 为录音和还音提供了一个很好的起点。

如何使用这本书

这本书中具有以下这些特点：

目标

阅读"目标"部分开始每一章的学习。这部分内容指出了读者在对本章内容的理解上所应该达到的能力。

注释

注释给读者提供了一些特殊的提示、实际应用的技术和一些相关信息。

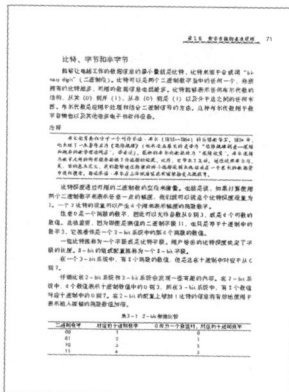

简介

所有的简介基本上都是史料知识的。

复习与练习

复习题在每章的末尾处，复习题使得读者能够评估自己对文章的理解。练习也在章节的最后，练习的目的是希望通过实际应用加强对章节内容的掌握。

作者简介

约瑟夫·坎塞莱罗（Joseph Cancellaro）有着二十多年作为作曲家和声音设计师的从业经验，曾在世界各地从事专业创作和学院的教育工作。他创作的音乐在世界范围内演奏，在他不为各种音乐会作曲的时候，他有源源不断的电影和互动声音工作要做。

约瑟夫·坎塞莱罗是波兰波兹南超级计算与网络中心（Poznan Supercomputing and Networking Center）的主要声音设计师，同时他还兼任波兰帕德雷夫斯基波兹南音乐学院（I. M Paderewski Poznan Academy of Music）的副教授。约瑟夫于1995年参加了在苏格兰爱丁堡召开的奈克瑟斯会议（NEXUS conference），奈克瑟斯会议的主要目的是展开建筑学、音乐、声音、几何学原理和数学作为结合学科的研究。他曾为美国艺术家和美国现代音乐在国内外组织了许多音乐会演出。

约瑟夫·坎塞莱罗

约瑟夫于伯克利音乐学院（Berklee College of Music）取得电影作曲专业的音乐学士，后于新英格兰音乐学院（New England Conservatory of Music）取得作曲专业的音乐硕士，随后又在苏格兰爱丁堡大学（University of Edinburgh, Scotland）学习，获得作曲专业的博士学位。他于1989年开始从事教学工作，目前是芝加哥哥伦比亚大学的全职教员。

目前，约瑟夫与他的妻子莫妮卡（Monika）以及三个孩子——纳斯塔斯加（Nastazja）、朱莉娅（Julia）和约瑟夫（Joseph）定居于美国芝加哥西郊。

目　　录

第一篇

实际应用知识

第一章

声学基础

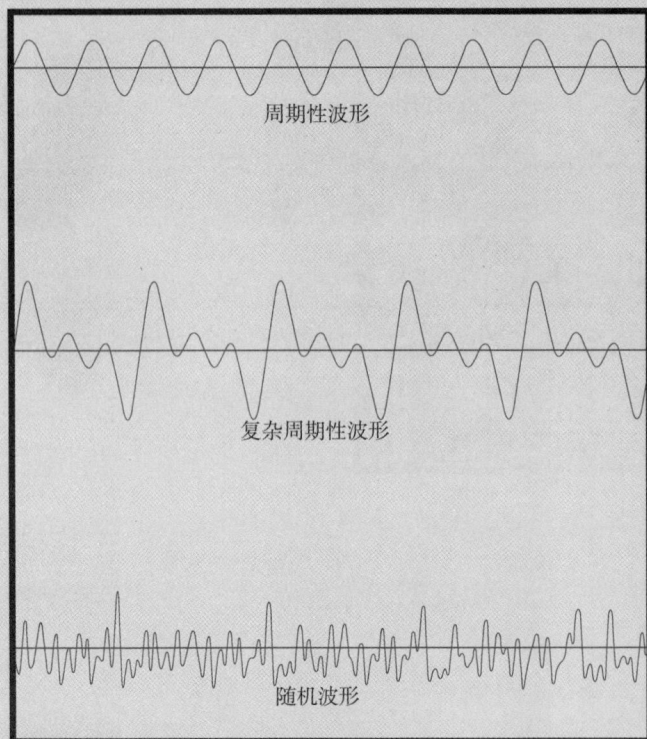

周期性波形

复杂周期性波形

随机波形

目标

介绍声学的基本概念和声音的本质
提出声学与声音设计之间的关系

介绍

这一章介绍了与声学相关的基本概念。提供了创造构建声音设计技术的坚固基础所需要的所有可用信息。

声学基础

你听见了吗?

你听见了吗? 最有可能的回答是"我没有听到任何声音",但是实际上,你听到了很多声音。声音是环绕在我们四周的。集中注意力在你周围的环境所产生的声音上,你能听见你房里的电脑、暖气机发出的声音,你的监视器发出的 15kHz 的嗡嗡声,还有鸟儿在喳喳叫。这些都是你周围环境中典型的声音。你注意到空气在你的肺里进出的声音了吗? 这个声音之所以让人感觉不明显,原因是你已经习惯了听到自己的呼吸。你的呼吸是与你对氧气的需求相关联的,而氧气是让心脏运作的能源。你听见你的心跳了吗? 现在你在听吧。心脏跳动的节奏和速度对你对音乐的节拍和节奏的感觉,以及将之关联起来的过程起到了重要的作用。

今天你所接触到的音乐和声音与前几代人已经相差甚远。造成这种情况应该归功于数字录音和还音工艺的推广,以及令人震惊的技术飞跃和音频硬件的持续可用。我们大量接触声音的最重要的原因之一就是享受声音时得到的放松。在过去,当你可以听音乐的地方仅限于音乐厅或者你的客厅时,你的听觉感受会被提升且变得十分敏锐。想象一下,假如你只有在一位现场的演奏家演奏时才能听到你喜欢的一段音乐,那么你的听觉记忆将会变得令人惊讶。基于你在保留对音乐的印象时所需要的专注程度,演奏中那些微妙之处和神态都会深深地印在你的听觉记忆中,一般来说,听觉的记忆力会得到提升。另一种情况看上去则有所不同。每次你打开收音机、CD 播放器、DVD 播放器或者环绕立体声系统,你就置身于人声、音效和音乐形式的声音中。一首流行的歌曲在电台播放时可以频繁到一小时一次。一小时一次! 如果你愿意的话,你还可以购买这个 CD 并且不停地听。那是相当大量的一种接触。当尝试去分析和进入听觉事件的某些关键方面时,这是很有利的。缺点则是,当声音/音乐素材能够在任意时间轻易获得的时候,听觉记忆便不再努力工作。记住了这些,你将成为一个更活跃的听众和声音创作者。通过对你的工作保持一种新鲜感和紧迫感,你将会更加重视和认真对待所有你所创作的声音工作。

现在你已经准备好了,那么当我们尝试去弄清楚声音对不同用户和听众个体产生的影响和结果的时候,我们应当从何开始? 首先要了解的事情之一就是声音的科学。为了完全理解如何有效地在娱乐业和互动媒体中利用声音,那么研究声音的属性是一个顺理成章的起始点。

声音作为一门科学

声学即是声音的科学，并且它还是经典物理学的主要分支之一。你可以将它看作是对声音属性的研究和分析。声音的探索旅程自然是从这里开始。你的第一个念头也许是今天就着手开始进行声音设计，并且不断训练你的耳朵和尝试解决问题的技巧。但是了解这其中的原理使你能够创造一个更加精细和条理清晰的音轨，这也许在某种程度上是有用的。如果你打算严肃地对待声音，并且希望随时充满学习的热情，那么学习声学是你所能获得的最重要的长期的信息来源之一。当以后你真正开始为互动媒体或者线性视觉媒体工程进行声音创作的时候，了解声学将会为你创造很多思考的途径。请将对声学的学习看作是增长声音设计领域专业知识的一个必要步骤。

声音是什么？

简单地说，声音是对振动产生的听觉感知。声音的许多其他方面也组成了这个现象，但是一般说来，声音仅仅是听觉的振动。一般有两种类型的可闻声我们能够感知并且相互交流，就是噪声和音乐。噪声被定义为所有无序的、不和谐的声音，那些，总是环绕在我们周围的声音。音乐则是有序组织的，并且是故意而为之的。然而，在噪声和音乐之间的明显差异却没有被清楚地界定。这个现象在"后二战时期"尤为突出，有时也称为音乐的现代主义、后现代主义，或者其他某些并不为人所接受的术语。

在当代音乐的世界里，曾经所谓的噪声和曾经所谓的音乐现在已经是同一件事了。在音乐领域内，你能找到许多噪声和音乐结合的例子。约翰·凯奇（John Cage）、哈里·帕切（Harry Parch）和谭盾就是利用多种能够创造声音的装置来进行音乐作曲的几位作曲家，这些装置既包括音乐的，也包括非音乐的。比如说凯奇，曾经为加料钢琴创作了许多音乐。其中的一部代表作就是《危险的夜晚》（The Perilous Night）—— 一部钢琴独奏的组曲。乐曲的所有声音都是通过将各种物品放置在钢琴的弦上或者各弦之间所产生的。这种音乐的起源和形成是相当值得你花费时间去研究的，它将揭示出另一个也许你认为不存在的、潜在的、未知的声音世界。

这一章内容主要关注周期性的声音。目前，分析这种类型的声音比分析更复杂的声音要更方便一些。声学原理应用于所有的声音，但是眼下我们仅仅是关注了那些简单的声音构成。了解了这一点，我们就来介绍关于声音三要素的一些基础知识。

三要素

我们又要再一次提出这个古老的问题：如果森林中央的一棵树倒了，附近没有人听到，那么，这棵树发出声音了吗？绝对科学的回答是"是的"，无论是否有人能够感觉到，或者就这件事而言，无论那里是否有什么东西能够感觉到它。声音是物质世界的一部分并且因此遵循着物理学的原理和法则。

作为人类，我们对声音的感知和理解，是纯粹依靠经验的。如果那棵树倒在了森林中，没有人在那儿听到这个声音，也从来没有人听到过这种声音，因此，就人类感知而言，这棵树是没有发出声音的。但是从物理上说，它的确是发出了声音。

人类对声音的认知依赖于声音的三个基本属性。这是一个声音能够存在和被感知所必须具备的：

· 产生——一个振动的物体，通常以机械的方式传递能量：声源。
· 传播——声波传输需要介质。
· 感知——声波的接收端，比如人耳或者话筒。

这就是声音的三要素。这些属性也可以被称为生成、传输和接收，这决定于你在哪里读到它。应当记住的是，所有这些属性组成了一个完整的有机整体。单一要素不能在缺乏其他要素的情况下独立构成一个声音事件。我们对声学的研究囊括了在不同程度上变化的这三个属性。然而，在我们去看构成声学核心基础的具体内容之前，我们需要先去研究这些属性的普遍原理。

产生

当一个物体通过将机械能传输和转化为声能而产生运动时，就产生了声音。也就是说，当一个物体被击打、弯曲或者用力拉拔时，它就会开始振动。这种振动的结果导致声能以压力波的形式存在于介质中——在最常见的情况下，存在于环绕在振源周围的空气中。因此，请记住，所有振动的物体都具有创造声音的潜能。如果你将你的手指贴在声带所在的位置，大概是在脖子的中间，说话时你就能由手指感受到振动。

声音的产生是由于你的声带振动，然后再借由嘴巴发出来。现在，在电脑工作的时候将你的手放到电脑机箱的上面。你听到或是感觉到什么了吗？你应该感觉到机箱的振动并且听到它所产生的声音。生活中存在许多这样的例子：触觉能够强化声音产生的迹象。开始关注你的听觉环境吧！这是你在本书中的第一个任务，并且是一个永远没有结束日期的任务。

传播

一个声音从声源到达感受器必须通过一种介质来传输，声音不能在真空中存在。最可能的介质就是空气，并且我们的研究所关注的主要就是声音在空气中的传输。声音信号传播的过程相对较为简单。一个振动的物体，例如一个定音鼓面，在被鼓槌敲击之后来回振动并且在敲击停止后缓慢地失去能量。这种往复的运动在定音鼓面前方的空气中产生了一种干扰，这种干扰将会产生高于或者低于标准大气压的受压面。

注释

经测量，大气压值为 14.7psi（$1psi = 6.9 \times 10^3$ 帕斯卡）。这个压力值的浮动范围非常非常小。如果大气压是 14.7psi，然后空气分子出现了大范围的偏离，又或者说是一个很大的声音，也许会造成从 14.667psi 到 14.702psi 的变化。我们的耳朵都是极度敏感的声音采集器。

这种由定音鼓面的振动所造成的对空气分子的干扰被称为**压缩和稀疏**。与向上运动的定音鼓面直接相邻而产生的空气分子的密度构型是声波的压缩阶段，而由定音鼓面向下运动所造成的低于大气压的分子扩张，则是稀疏阶段。这种压缩和稀疏的形态由声源向各个方向上不断反复着，因此声波向外运动并且与局部分子的干扰由一个区域向另一个区域传播的方向相同。分子并不与声音一起移动，它们只不过是偏离了它们的原始位置。只有声波穿过空气，从声源往各个方向发散。这个基本的要素被称为声波的传播。这种声能传输的具体形式表现为**纵波**，声音以纵波的形式传播。

感知

在产生和传播之后，声音被接收和理解。耳朵是作为接收器的一个很好的例子。耳朵接收了声波，并且通过各种转换向大脑发送信息，而大脑正是处理和辨识具有特征信息的声音的地方。对声音感知的科学研究被称为**心理声学**，心理声学有时被作为人类听觉的心理学研究而提及。心理声学与声音如何产生特定的情绪或是认知反应并不相关，这种类型的分析集合成了**心理学**。

一般来说，对声音的心理学感知划分为两类：**音调**（声音感知为高或低）和**响度**（对声音强弱的主观印象）。在声学上相对应的就是**频率**和**幅度**。只要弄清楚几个概念，响度与幅度的差别以及频率与音调的差别就比较容易理解。

音调基本上是对声音多高或者多低的心理感知。频率是对一个振动物体振动重复率的具体测量，并且作为结果，这个物体的振动产生了声音。对于那些接受了一定音乐训练的人来说，也许他们都知道有高音和低音，但却并不一定都知道次中音（较低的中音区）、次高音（较高的中音区）以及相关所有的变化。

响度这个术语是用来描述声音强弱的主观感受。幅度则是对声音信号所产生气压强弱的量度。声音的音量和声音的幅度是不相同的。

音量是关于声音大小的量的一种心理学的量度，包括从频率、压力、**谐波**、声音空间当中的界面的属性以及长度所引申出来的一切。

另一类在了解你的声音环境上起到了重要作用的就是**音质**。音质是由**泛音**赋予声音的特征品质。由**基频**产生的谐波内容的强度和比例提供了随时间变化的音调的色彩以及泛音的相对幅度。音质以及谐波频谱对音乐和声音设计来说非常重要。关于**谐波**的更多详细内容将在本章和第五章中进行讨论。

声音以纵波的形式传播。如果要分析和完全理解声音，也要考虑其他种类的波形。现在我们来考虑一下波形的一些属性和特征，以及它们如何作用于我们理解和形象化声音。

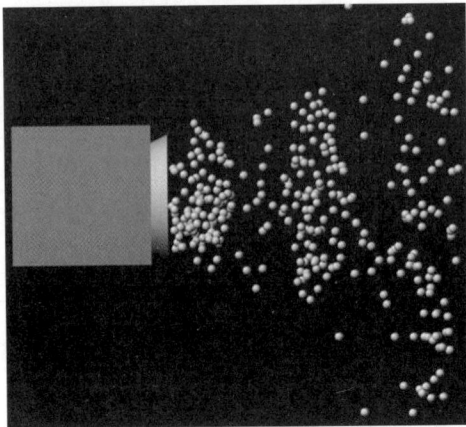

波形

对波的研究让我们更好地理解在我们周围的环境中波是如何运动和作出反应的。**波形**是波的视觉表现，因此我们能够将波分解为基本的组成部分并且分析它。声音以纵波的形式传播，纵波也是波形的一种。如果我们能够物理地看到声波是一系列的压缩和稀疏，那么它将会看上去如图1-1的情形。波形的密集区代表压缩，稀疏则是相对较明亮的区域。注意压缩和稀疏是与声音的传播方向相同的。想想当你还是个孩子时玩的那个玩具——弹簧圈（一种类似弹簧的能够拉伸后自身重塑的螺旋形玩具——译者注），声波也以相似的方式作用着。令弹簧圈的一部分产生位移，然后弹簧圈的S型连接又运动回到它的原始位置，波通过这样的方式穿过弹簧圈。

图|1-1|

声音以纵波的形式传播。通过声波上某些点的分子密度可以观察到压缩和稀疏

分析这种类型波形的图像也许有一点复杂。将声音形象化的更有用的方法就是使用横波作为我们的模型，这种方法能够让我们更清楚地理解声音的组成部分。这个模型用于接下来的声学讨论。横波是指波的运动趋势或者方向，垂直于质点或者分子运动的一种波。图1-2更精确地展示了这一点。

如果完全没有振动，横波看上去就像一条直线，这可以被看作是处于静止状态或者处于一个平衡点。这种状态存在于标准大气压的情况下，所以我们可以直接将它与声音的研究联系起来。

图1－2中间的那条直线代表了分子处于没有被声音波形影响的静止状态，这也被称为**标准参考电平**。

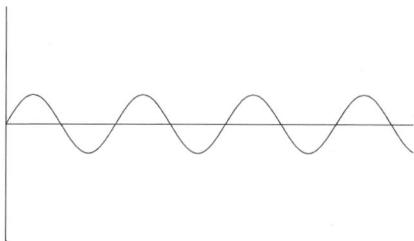

图|1－2|

声波的方向是从左至右的，但是在声波周围的微粒运动则通常与传播的方向垂直

压缩和稀疏以及这些现象存在的时间能够通过横波被更好地形象化，即使声音是以纵波的方式传播的。将横波与纵波联系起来的经典范例就是想象一个石子被投进了平静的湖里。水面的波纹将以干扰源为中心向各个方向扩散开去。即使水波是同时包括横波和纵波的，我们仍然可以将从图1－2中看到的波的运动与声音是如何在空气中传播联系起来（图1－3）。

图|1－3|

波纹由产生干扰的点放射开来

如果我们从侧面来视觉化这种现象，就可以看到横波沿着水面传播（图1－4）。曲线的偏上部分代表了压缩的最大值，偏下部分则代表了扩张或是稀疏的最大点。

空气

水

图|1－4|

横波产生的波纹的侧视图

图1－5中波的形状称为**正弦曲线**。正弦曲线表示的是**简谐振动**。正弦波是用来分析声音的基本波形，并且由于正弦波不断重复没有变化，因而可以进一步被划归为**周期性**波。为什么将正弦波用来作为标准呢？答案可以归结为这样一种说法：正弦波形是由物体以最简单、最经济的方式振动而产生的，因为它只包含单一频率而没有谐波成分。

这就产生了波的最单纯的形式，因此，正弦波被作为标准来分析。如果某种波是易变的或者不规则的，但却仍然不断反复，它将被看作是**复杂周期性波形**。复杂周期性波形和随机波形组成了我们日常生活中所听到的大部分声音。

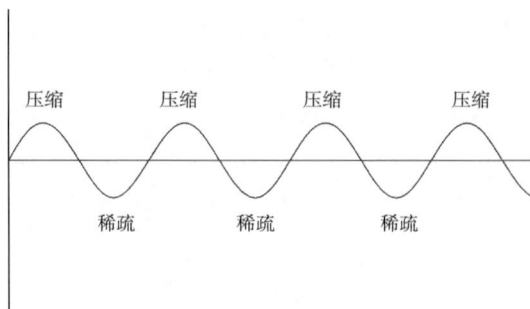

图 | 1 - 5 |

将压缩和稀疏形象化为横波的形式

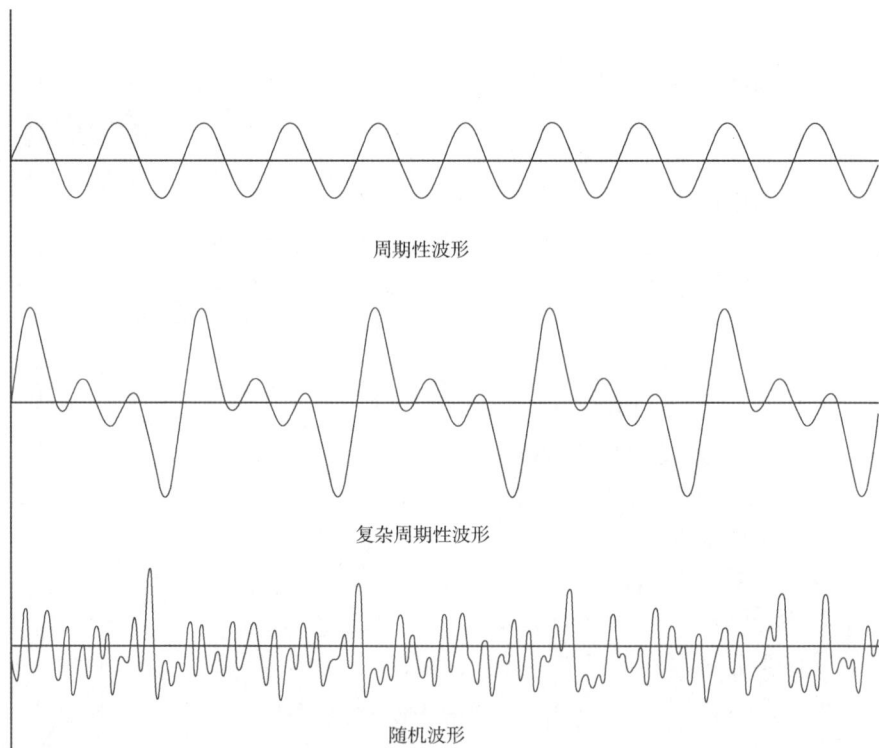

周期性波形

复杂周期性波形

随机波形

图 | 1 - 6 |

一个周期性波形、一个复杂周期性波形和一个随机波形

现在我们知道如何将横波看作一个听觉事件，以及如何分辨它所产生的波形形状的名称，因此我们可以进一步分解这些内容并将声音的主要特征纳入我们横波的表征中来。

波形的特征

为了弄清楚声波是如何在空气中传播的，我们需要研究声音事件的特征。以下这些是需要考虑的一般特征：频率、幅度、波长、速度、包络、谐波、表面效应和传播特征。

研究声音科学的一般起点包括两个最基本的特征：频率和振幅。

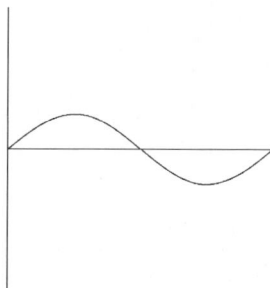

图|1-7|

一个周期

频率

频率被定义为一个振动物体、电子信号或者声学的发生器重复一个压缩和稀疏的完整**周期**的速率。一个周期即是一个压缩和稀疏的单独呈现。

一个周期由一个360°的圆周来表示。这在考虑相位问题的时候非常重要，稍后将进行讨论。

如果我们进一步观察周期，我们会注意到周期分为两半。一半在标准参考线以上，另一半则在标准参考线以下。这将正弦波直接划分为正好相反的两半。正的一边，在标准参考线以上，是压缩状态，而负的一边则是声波的稀疏状态。每个曲线的波峰代表了压缩和稀疏分别在最大密度或最大扩张时的点。

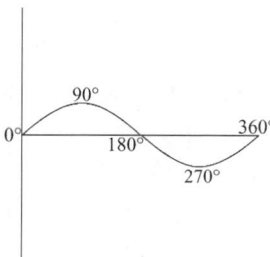

图|1-8|

一个周期的360°

赫兹

每秒的周期产生率，或者频率，是由赫兹（Hz）来度量的。例如，如果某种物体振动时产生了每秒钟300个完整周期，我们就可以说这个振动的频率是300Hz。为了将这个概念放置到一个更实际的背景下，我们可以来讨论一根振动的弦。如果用一架小提琴弹奏音符 C4（C4 在音乐专门术语中也被称为中央 C），振动的弦所产生的频率大约为 262Hz。你是否曾经听过音乐会之前管弦乐队调音呢？他们音调的频率是 440Hz，或者 A4。如果我们更仔细地观察这两个音调，我们会发现 C4 比 A4 频率要低。这为我们引入了一个声学的基本原理：频率越高，感知到的音调就越高；频率越低，感知到

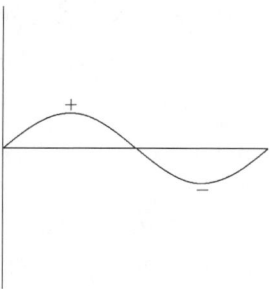

图|1-9|

一个周期的正负交点

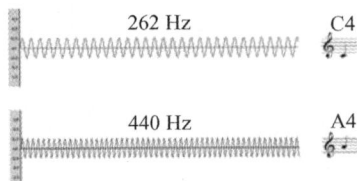

262 Hz　　　　C4

440 Hz　　　　A4

图 1-10

C4 频率与 A4 频率的差别以及它们在乐谱上相应的表示

的音调就越低。音调可以看作是频率的音乐表现。

频率表示为 f。因此 A4 的频率可以写成：$f = 440\,\mathrm{Hz}$。

到目前为止，我们已经研究了频率和周期以及它们与音调的关系。可以这样说，频率的特征是取决于时间的，也就是说，正如时间是线性的展开，声音事件也是如此。因此，频率以及其他所有参数都是决定了的。声音是一个线性的时间的事件！

人物简介

海因里奇·鲁道夫·赫兹

海因里奇·鲁道夫·赫兹（Heinrich Rudolf Hertz）于 1857 年出生于德国汉堡。他曾就读于柏林大学，而后于德国卡尔斯鲁厄的工业学校（the Technical School in Karlsruhe, Germany）任物理学教授，并且在 1885—1889 年在德国波恩大学担任物理学教授。赫兹进一步扩展了先前由英国物理学家詹姆士·克拉克·麦克斯韦（James Clerk Maxwell）建立起来的光电磁理论。赫兹证明了可以在电磁波中传导电流。赫兹所做的那些反射、折射、偏振和干涉的实验引发了无线电报机和收音机的发明。作为国际公制系统的一部分，赫兹的名字在 1933 年成为无线电和电学中频率的官方名称。赫兹在科学领域的贡献由于他在 1894 年英年早逝而终止，时年仅 36 岁。

要决定一个声音的频率，需要两个重要的信息：波长以及声音的速度。在下文中给出了关于波长和声音速度的详细内容。希腊字母 λ 被用来表示波长，或者说是一个周期的物理长度，v 表示声音的速度，而 f 表示频率。

频率可以由声速与波长的比值来决定。

$$f = \frac{v}{\lambda}$$

举个例子，如果一个声音的波长是 1 米，而声音的速度是 344 米/秒（m/s），那么频率是多少？如果将这些值代入公式，我们将很容易解决这个问题。记住频率是由 Hz 来计量的。

$$f = \frac{v}{\lambda}; \quad f = \frac{344}{1}; \quad f = 344\,\mathrm{Hz}$$

在某些频率之间会有音乐上的关系，这会对你的声音设计以及音乐图谱的构建还有前期制作产生重要影响，这种重要影响同时也会产生在声音设计对某个特定的工程所产生的总体影响上。

人类听觉的频率范围

人类听觉的范围大约是 20Hz 到 20000Hz。这表示我们可以感知到低至每秒 20 个周期和高至每秒 20000 个周期的声音。在这个范围内，你听到的所有声音——从噪音到音乐——会由你的大脑解码和理解为声音。如果声音在听阈以下，它们被认为是次声波；如果声音高于我们的听觉上限，它们则被称为超声波。虽然我们并不能够感知到这个范围以外的声音，我们却仍然具备这样的能力：能够感觉次声波范围内所产生的振动，以及从超声波范围内的频率中获取有用的数据。这在设计应用于视觉媒体或者互动媒体的声音雕塑或其他对象时尤其重要。输出的设备，或者是这个系统的频率范围，必须在还音能够产生建设性的结果之前就考虑。其他要考虑的事情也需要在计划那些高频和低频的制作时考虑进去，例如具备适合的设备来制作那些声音，并有适当的空间和建筑来提供这些频率以获得最佳效果。

虽然人类具有一个相当大的听觉范围，而一些动物却具有超越人类的听觉范围（见表 1－1）。蝙蝠，一种基本上看不见并且必须依靠回声定位来导航和捕猎的动物，能够探测到高达 120000Hz 的频率。海豚也能够察觉到高达 200000Hz 的频率。

表 1－1　常见动物的听觉频率范围

名称	最低频率近似值	最高频率近似值	名称	最低频率近似值	最高频率近似值
人	20Hz	20000Hz	大象	5Hz	10000Hz
猫	45Hz	85000Hz	蝙蝠	10000Hz	120000Hz
狗	50Hz	45000Hz	海豚	1000Hz	120000Hz

音乐的思考以及人类的听觉范围

无论如何，人类的听觉范围在放置于音乐的背景下时是相当宽广了。相比音乐的基音而言，非音乐的声音所产生的频谱要广得多。音乐大约占据了听觉范围的四分之一，而你周围环境的噪音则占据了整个听觉范围。音乐的基音就是当一个乐器演奏时你听到的最突出的那个音：乐器的实际核心音高。它占据了你所听到全部声音的大约 50%。听觉范围是 20Hz 到 20kHz，看上去似乎没有一个很广的频率范围来让音乐存在，让我将所有这些应用到一些视角上。钢琴上最高音的频率大约是 4186Hz，最低音大约是 27.50Hz。表 1－2 列出了管弦乐器中更常见的一些乐器以及它们相应的频率范围。这些都是基于基音的音高，排除了作为基音的结果而带来的谐波成分。

振幅

这里研究的第二个基本特征就是振幅。前面我们将响度和振幅的定义进行了比较。声波的振幅就是瞬时声压的最大值与标准大气压的差值。它是对一个声波的最大压缩和最大稀疏的测量，或者更简单地说，它是对声源产生的波形所造成的最大压力的测量。我们将这种振幅感知为强、弱或是介于这之间的某些感受。和将频率形象化的方法一样，对振幅的分析也由波形来表示。

视觉化的振幅

一个声波的振幅可以通过声音图示（图1-11）中的 y 轴体现出来。与标准参考电平的距离越大（分子平衡；标准大气压）对这个声音的感知和感觉就越响且越强烈。标准参考电平通常用来表示听阈，听阈大致上是一个别针掉在地上的声音。从科学角度来说，听阈对应于一个小于十亿分之一气压的压力变化。

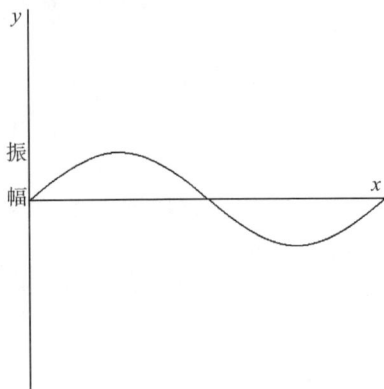

图|1-11|

幅度在 y 轴上

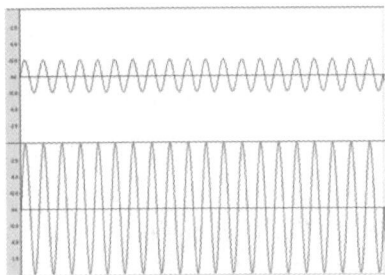

图|1-12|

相比下面的文件，上面的文件具有一个较低的振幅

当一个声音信号传入到空气中，产生声音的振动物体迫使周围的分子压缩和扩张。如前文所提，这就是波形的压缩和稀疏。如果这个振动中蕴含的能量非常大，结果将会是一个较大范围、较强烈的振动。如果振动的能量相当低，导致的振幅将会较小或者较弱。如果我们要将空气中环绕在振动物体周围的分子视觉化，这将是有意义的。如果压缩和稀疏在某个特定时刻使更多的分子产生位移，那么结果是振幅将会变得更大，更多的能量通过介质由质点传递着。

测量一个声音信号的幅度有各种各样的方法。其中一种方法就是在被振动物体的声音信号干扰时测量分子从它的标准位置到最大位移位置的距离。这种测量，或者说是**位移幅值**测量的规模太小，使得进行分析的目的变得不实际，并且非常难以获得精确的数据。典型的声波产生的是几百万分之一米或者更少的分子移动，这使得测量过程相当困难。

表 1-2　管弦乐器与合唱的频率范围

人声	大致频率范围
女高音	250Hz ~ 1kHz
女低音	200Hz ~ 700Hz
男中音	110Hz ~ 425Hz
男低音	80Hz ~ 350Hz
木管乐器	
短笛	630Hz ~ 5kHz
长笛	250Hz ~ 2.5kHz
双簧管	250Hz ~ 1.5kHz
单簧管（降 B 或 A）	125Hz ~ 2kHz
单簧管（降 E）	200Hz ~ 2kHz
低音单簧管	75Hz ~ 800Hz
巴赛管	90Hz ~ 1kHz
英国管	160Hz ~ 1kHz
巴松	55Hz ~ 575Hz
低音大管	25Hz ~ 200Hz
铜管乐器	
高音萨克斯	225Hz ~ 1kHz
中音萨克斯	125Hz ~ 900Hz
次中音萨克斯	110Hz ~ 630Hz
上低音萨克斯	70Hz ~ 450Hz
低音萨克斯	55Hz ~ 315Hz
小号（C）	170Hz ~ 1kHz
小号（F）	300Hz ~ 1kHz
中音长号	110Hz ~ 630Hz
次中音长号	80Hz ~ 600Hz
低音长号	63Hz ~ 400Hz
大号	45Hz ~ 375Hz
活塞号	63Hz ~ 700Hz
弦乐器	
小提琴	200Hz ~ 3.5kHz
中提琴	125Hz ~ 1kHz
大提琴	63Hz ~ 630Hz
低音提琴	40Hz ~ 200Hz
吉他	80Hz ~ 630Hz
键盘	
钢琴	28Hz ~ 4.1kHz
管风琴	20Hz ~ 7kHz
打击乐器	
钢片琴	260Hz ~ 3.5kHz
定音鼓	90Hz ~ 180Hz
钟琴	63Hz ~ 180Hz
木琴	700Hz ~ 3.5kHz

一个更能令人接受的测量声波振幅的方法就是分析波压或是**峰值振幅值**的最大增量所产生的数据。话筒的振膜能够非常容易地拾取到声音的**压力幅度**。这使得非常细微的压力波动也能够转化为电信号，并且因此再进一步转化为波形这种声音的数字图示。你的耳朵以相似的方式工作。耳膜，或者说是鼓膜，也同样根据以不同强度接触它的气压来波动和作出反应，然后给予你某种感觉：一个强的声音或者一个弱的声音，以及介于这之间的一切声音。

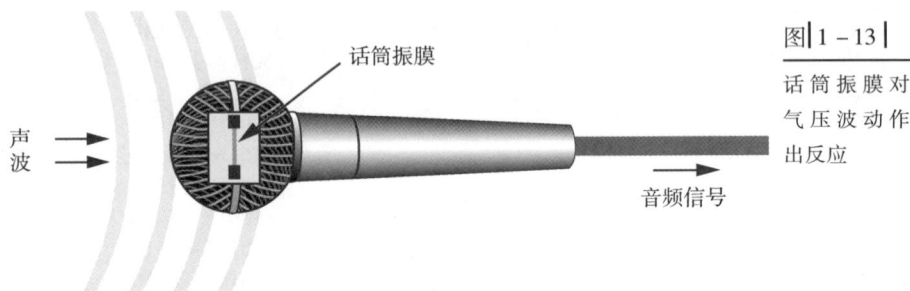

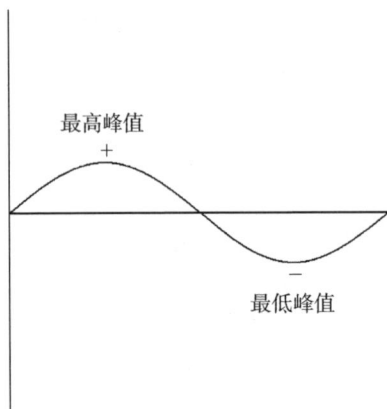

声波

话筒振膜

音频信号

图|1－13|

话筒振膜对气压波动作出反应

最高峰值
＋

－
最低峰值

图|1－14|

正负峰值信号电平

峰间值是对波形的最高峰值（正）和最低峰值（负）之间差值的测量。

一般来说，振幅与频率或者与波的速度没有关系。如果一个声音变得更大或者更小了，频率和速度都不会受到影响。其他因素（气流和高温）也许会引起变化，但是振幅是独立于频率和声速存在的。

有效值（RMS）

当我们听到一个周期性的声音，例如一个正弦波，我们能够用一些主观的词汇说出这个声音强或者弱。我们实际上听到的是一个复杂的波形平均峰间值。RMS 是随时间变化的波形的平均电平。在正弦波的例子中，RMS 的测定方式是，将沿着正弦波的每一个点的振幅值进行平方，然后将结果平均。在给定信号和给定时刻为 0.707 倍峰值的情况下，振幅电平的结果如下。

$$RMS = 0.707 \times 峰值$$

如果一个声音是非周期性的，比如语言或是音乐，RMS 只能通过一种特殊的仪表或是检测器电路来测量。如果我们听到一个声音，便可以说它在听阈以上。也就是说，不论我们如何测量 RMS，它总是正数，即使我们将波形的负值进行平方，当然，这个负值实际上也完全不是真正的负数。我们无法听到我们所听不到的东西！

分贝和强度

学习声学的最令人困惑的方面之一就是使用分贝来计量声音电平。和频率有所不同，在没有一个参考值作为辅助的情况下，声音的振幅无法直接衡量。

分贝是用来估量和测定声音电平的标度。分贝不仅仅用于衡量音频的强度，而且还用于衡量电子的强度以及通信。关于分贝的一个非常重要的方面就是，分贝是一种用来表示一个比率的对数单位。这种比率可以是我们所关注的来源于声压的任何一种物理量，功率、强度、电压等。为了测定声音电平，必须使用对数标度。

在我们研究对数标度之前，我们需要了解关于信号强度的一些知识，以及究竟为什么使用分贝作为标度来衡量强度。

如前文中提到的，振动体引起能量由质点传递。声音强度的电平是对声音大小的测量。强度被定义为一个声波在每单位时间和单位面积的能量传递。分贝被用来度量一个声波的声音强度。简单地说，强度是对每单位时间内经过某一定点的能量值的测量。质点的振动幅度越大，能量通过介质的传输率就越大，因此导致产生了一个更强的声波。

强度（I）由能量或者功率（P）除以覆盖的面积（S）得到，

$$I = P/S$$

强度通常以瓦特/平方米（W/m^2）来计量。你可能听到的最大的声音在强度上大约是 $1W/m^2$，它具有超过你能听到的最小声音（$1 \cdot 10^{-12}$ W/m^2）一兆倍之多的能量。这使得使用 W/m^2 作为声音强度的量尺相当不便，大量数字的处理将会很困难。取而代之，我们使用分贝这个对数的标识符。分贝的使用有几个原因。其中一个原因就是我们听见声音强度是对数的，这是一种听觉的自然状态，并且能够通过分贝值而不是一个绝对数值来得到更好的理解。使用分贝的另一个原因是我们可以用它把大的数字表述得相对简单。

分贝（dB）按照字面意思是十分之一贝尔（Bel）。这个名称来源于亚历山大·格雷厄姆·贝尔（Alexander Graham Bell），他也许因为对电话的研究而更为著名。贝尔是声学、电学或者其他功率比的对数。也许将贝尔看成是两个不同强度之间的一个 10 到 1 的比率要容易一些。由于分贝与数字的标度更为相关，它被用来取代贝尔，而不是使用贝尔作为一个测量的量。

人物简介

亚历山大·格雷厄姆·贝尔

亚历山大·格雷厄姆·贝尔出生在苏格兰，他有一位失聪的母亲。虽然她听不见，但却是一位音乐家以及画家。贝尔的父亲与聋哑人一起工作并且同时负责教授他们。通过亚历山大与聋哑人的联系，他开始对语音和听觉产生兴趣。他一生都非常乐于与聋哑人一起工作。在19世纪20年代早期，贝尔一家搬到了加拿大，亚历山大在这里患上了肺结核，但他最终康复了。

在搬去加拿大之后，很快他又搬到了波士顿，在那里开办了一所聋哑人学校，然后又成为了波士顿大学的一名教授。大约在这时，他遇见了梅布尔·哈伯德（Mabel Hubbard），并与她结了婚，后来有了三个孩子。之后，他成立了一个公司叫作贝尔电话公司（Bell Telephone Company）。他在1876年与托马斯·沃森（Thomas Watson）一起发明了电话并且获得了该项专利。在19年时间里，他一直是美国唯一的电话零售商。

他还发明了许多其他东西，包括留声机、人工呼吸器以及水翼艇，并且这种水翼艇打破了当时70英里/时（1英里＝1.6千米）的世界速度纪录。

在他进行工作的同时，他设法抽出时间建立起了一个新的协会——国家地理学会。亚历山大·格雷厄姆·贝尔也许是人类历史上最重要的人物之一，他于75岁高龄逝世于加拿大。

1贝尔与2贝尔之间的能量差值是10倍。因此，如果我们使用0dB **SPL**（**声压级**）的标准听阈参考值，并且将它与另一声源的10dB SPL进行比较，我们就可以说10dB SPL比0dB SPL要更响10倍。20dB SPL比10dB SPL要响10倍，那么20dB SPL比0dB SPL要响多少呢？由于强度测量的对数性质，答案并不是20倍。正确答案是20dB SPL比0dB SPL要响100倍，因为1贝尔等于10分贝，并且贝尔被定义为两个既定**声强级**（**SIL**）的比率，这个比率为1/10，SPL是用来描述声压级的。dB SPL这个词经常被用到，因为声压与感知到的响度直接相关并且更容易测量。在各种事物的测量中有许多不同的方法使用分贝，并且每一类都有其相应的标识。dBm用来计量电功率，dB PWL则用来计量声功率等。了解功率以及两个声音强度之间的对数联系，还有使用声压级来指示感知到的响度，这些知识对于我们学习接下来的内容已经够了。

表1-3   分贝标度及强度标度的相互关系

强度标度	0的10^0倍响	0的10^1倍响	0的10^2倍响	0的10^3倍响	0的10^4倍响	0的10^5倍响	0的10^6倍响	0的10^7倍响	0的10^8倍响	0的10^9倍响	0的10^{10}倍响
分贝标度	0dB	10dB	20dB	30dB	40dB	50dB	60dB	70dB	80dB	90dB	100dB

表1－4　分贝标度

声音	分贝（dB）	描述
听阈	0	最轻的可闻的声音
轻声耳语 安静的录音室	10	刚好可以听见
卧室 公共图书馆 非常、非常轻柔的音乐	30	房间环境声，非常安静
平常的郊外	40	安静但是能够清楚地听到声音
一个小办公室 非常轻柔的音乐	50	低音量的言谈
收音机低音量 嘈杂的商务办公处 相隔1～1.5米的两个人之间的交谈 正在响的电话 常规的练习钢琴	60	非常明显的
非常嘈杂的大办公室 公路交通 嘈杂的餐馆 距离1米处的非常响亮的歌唱家	70	难以在电话中交谈
吵闹繁忙的交通街角 平常时的工厂	80	使人焦虑且令人讨厌的声音
重型卡车	90	这个级别的声音如果每天持续8小时以上将会产生听力损失
纽约地铁 大型管弦乐队之中	100	每天持续两小时以上将会产生听力损失
电动工具	110	每天持续15分钟以上将会产生听力损失
机场跑道上的飞机	120	持续很短时间就会产生听力损失
100码外的大炮 气（手）锤	130	痛阈 短暂的接触即产生听力损伤
25米远的喷气机引擎	140	危险级别
生理痛 胸腔振动 窒息	150	极度危险级别 瞬间产生的永久性听力损伤
极近爆炸	160～180	听觉组织坏死 耳膜穿孔

　　实际上，20dB SPL 是一个非常小的声音。表1－5 给出了一个与我们日常听觉感知相关的分贝标度的大致估计值以及相应的 W/m^2 值。

　　如果我们听到的所有声音的测量值都在 1/10 的比率范围之内，这样的情况是很好的，但是 1dB SPL 到 10dB SPL 之间的分贝值呢？通过表1－5 我们更容易看到的是强度间的功率比。

表 1-5　强度间的功率比

分贝级	强度比	分贝级	强度比
0dB	1.0	6dB	4.0
1dB	1.3	7dB	5.0
2dB	1.6	8dB	6.3
3dB	2.0	9dB	7.9
4dB	2.5	10dB	10.0
5dB	3.2		

如果功率比是 2:1，那么在强度上就有 3dB 的增量。如果有一个比率为 4:1，强度上的增量则为 6dB。这给我们引入了既定空间中声强如何分布的原理。

注释

与动量守恒定律和质量守恒定律一样，能量守恒定律是物理学的基本原理之一。这个定律认为能量的总量保持恒定，并且能量既不能够被创造，也不能被毁灭。基本上，某个系统中的所有能量保持恒定。

能量守恒定律、声强以及平方反比定律

想象一下你在一个 20℃ 标准气压条件下的无反射、无吸收的开放空间中，如果在这种条件下出现了一个声音，依照能量守恒定律，随着距离的增加必定出现强度的下降。

这种物理的特征对我们来说是非常幸运的，否则我们将会生活在一个非常非常吵闹的星球上。基于这个定律，我们可以测定距声源特定距离的 dB 值并且得出一些结论。我们知道，如果我们距离一个高强度级或是高幅度的声音很近，那么声音将会更响。

我们也知道如果我们从那个声源走开，强度将会逐渐地降低。在理想的条件下，离开声源每加一倍距离，强度降低 6dB，反之亦然。因此，如果离声源 10 米处产生的声音是 70dB，我们就可以推算出 20 米处声强的大小应当是 64dB，平方反比定律就是这种衰减的原因。我们可以将这个定律总结为：距离加倍时，声强作用面的表面积变化呈距离变化倍数的平方。因此，假如从声源至给定点的强度比为 2:1，那么距离上的比率为 4:1。这又涉及之前我们提到的功率比，在我们的图表中，4:1 的功率比对应于 6dB。

波长

声波的波长是一个完整周期的物理长度。波的长度是由波形上的一点精

确至其下一重复周期的起始点。

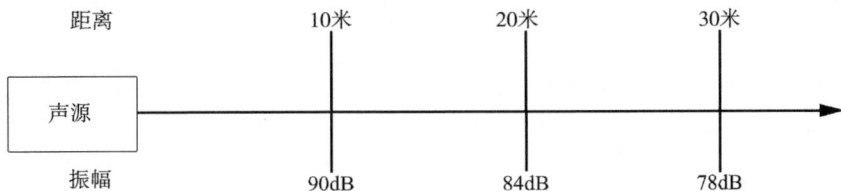

图|1 - 15|

距离增加时功率减小

波长越长，频率越低，因而感觉到的声音也越低。反之亦成立，波长越短，频率越高，相应的结果就是声音也越高。将这些与振动物体联系到一起是很有意义的。例如，如果一个完整周期循环的长度很长，产生了一个较长的波长，此时如果测量每秒的周期数，频率将会较低。大的波长占据了较大的物理空间，因而造成了较低的频率和每秒钟较少的周期数。波长和频率这两个属性是直接相互关联的。

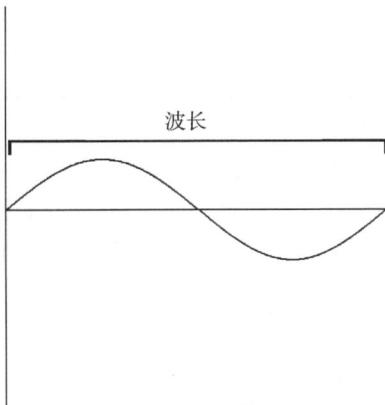

图|1 - 16|

声波的波长

一个声音的波长通常以米来计量。一个 20 千赫兹（kHz）的声音，能感知到的最高音高，能产生一个约为 2 厘米（cm）的波长；能感知到的最低音高——20Hz，则产生大约是 17 米的波长。

有三个用来描述重复波的基本量：速度、波长和频率。只要给出这些参数，我们就可以计算出这个声音的波长。

$$波长 = 声音的速度 / 频率$$
$$即\ \lambda = v/f$$

如果一个声音的频率是 440Hz，并且它在空气中传播的速度为 344m/s（在 20℃标准大气压下的标准声速），我们就可以计算出它的波长。

$$\lambda = v/f$$
$$\lambda = 344m/s \div 440Hz$$
$$\lambda = 0.8m$$

440Hz 频率的波长为 0.8 米。不要忘了使用正确的单位，波长是以米来计量的。

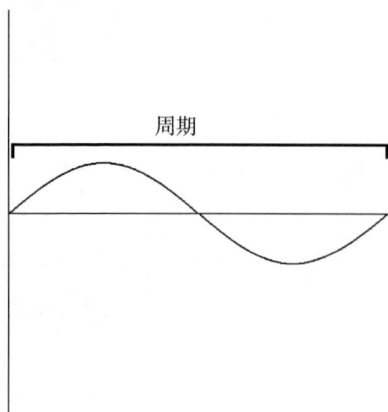

周期

图|1-17|

一个循环的周期

周期

一个循环的周期是指产生一个循环所需要的时间。

周期一般是用秒来计量的，有的时候也用毫秒。以下列出了在给定频率的条件下计算周期的公式。

$$T = 1/f$$

反之亦成立。在已知周期的条件下也可以得到信号的频率。

$$f = 1/T$$

例如，已知一个频率为300Hz，那么周期即为0.0033秒。

$$T = 1/300\text{Hz} = 0.0033\text{ 秒或3.3毫秒}$$

如果一个波形的周期是0.01秒，那么频率将是100Hz。

$$f = 1/0.01\text{ 秒} = 100\text{Hz}$$

正如你所看到的，与我们生活中对时间的感觉相比，周期是一个相当小的数值。小时、分钟以及秒都是我们通常所使用的时间标度。我们能感觉到的最低频率（20Hz）的周期为0.05秒，或者50毫秒。

声速

在我们研究声音的速度之前，我们需要更进一步了解一下空气以及组成空气的分子。空气是一种非分散性的介质，这意味着所有的声音，无论频率是多少，都以相同的速度传播并且在同一时间占据了相同的空间。

这对听者来说是非常有用的，特别是音乐听众。试想一下，假如高频与中低频到达你耳朵的时间不一样，一个音乐会听上去将会是什么样子。这样的情况将会产生不和谐的声音而不是和谐的乐音。空气由许多不同种类的分子组成：78%氮气，21%氧气，剩下的1%包括氩、二氧化碳、氖、氦、氪、氙、甲烷、一氧化二氮和氢。空气中的分子都是处于持续的运动、碰撞中，并且以1000英里/时（1英里=1.6千米）的适中高速弹开彼此。空气分子的这种活跃的状态与声音的传播密切相关，因为不稳定状态下的各种变化直接影响了声音传播的速度。

普遍为大家所接受的声速为344米/秒（m/s）。以我们日常生活中的标准来说，这听上去似乎是相当快的一个速度，但与其他形式的物理现象相比，它其实是相对较慢的。比如光，大约比声音的速度快一百万倍。关于声速的一个有趣的方面是，344m/s 的标准并不是恒定不变的，而是随着条件的改变而改变的。实际上这个标准是在室温下，或者说是在 20℃ 以及湿度为 70%、标准大气压等条件下测量得到的。如果温度增加到 30℃，你认为会发生什么？声速会增大还是减小呢？如果我们更深入地研究这个问题将是很有意义的，我们知道在 20℃ 时声速是 344m/s，所以如果我们增加温度，就增大了空气分子的不稳定状态，声音信号将通过空气更快地传输。压缩和稀疏将会在剧烈运动的空气中以更快的速率发生。因此，30℃ 时声速为 350m/s。每增加或降低 1℃，我们必须在标准测量值上增加或减少 0.6 米。由此总结出一个公式用于测定声速。

$$v = 0.6m/s \times y$$

v 代表声速，y 代表给定温度与标准声速在摄氏温标上的差值。使用这个公式可以计算所有的速度。如果已知温度比标准的 20℃ 要低，那么就在标准声速上减去这个结果。如果高于标准温度，就加上这个结果。

包络

声音的包络是声音的启动和衰减的定义性特征。所有的声音都具有随时间的增加在幅度上产生变化的一个特征。一个包络的特征包括起音（attack）、衰减（decay）、延音（sustain）和释放（release）。幅度迅速增加至声强峰值表示声音的起音，接着是从起音开始的衰减，然后就是保持或者延音，再接着就是减弱或是释放。所有的声音都具有一个与以上这些参数相联系的特定的包络，并且这些参数根据声音所处的环境而产生变化。从声波上说，作为一个物理、听觉事件本身而言，混响空间中的声音也许会令人产生包络更长的错觉，但是如果同样的声音在一个声学上较干的空间中产生时，那么这个包络就将是被压缩的。

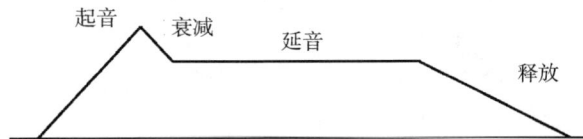

图 1-18

波的包络

谐波

正弦波形是一种在合成中产生的波形，因为它在自然界中并不以它本身的单纯的形式存在。当一个正弦波发生器产生了一个信号时，你所听到的声音即是精确的，是你所输入系统的那个频率。如果产生了一个 400Hz 的声音，你所听到的就仅仅只有 400Hz 的频率。在周期性波的领域里，你所感知到的声音实际上是一个许多不同频率的结合体。乐音即是这些较高的频率与**基频**的结合体，基频可以被定义为我们所听到的基础频率。所以，当一架小提琴奏出了一个音高含有一个频率是 262Hz 时，它的基本音高将会被称为 262Hz 或是中央 C。但是小提琴的这个特征性的声音实际上是作为在基频以上成比例的频率分布发生的结果而产生的。这些谐波，或者有时候称为泛音，总是比基音要弱得多，并且共同组成了大约声音幅度的 50%。单一的谐波通常不是单独的被听到而是作为一个复合体。

光和颜色可以用来与谐波是如何被感知的作一个类比。光穿过你的窗户，因此存在于你的视觉范围内的颜色和阴影显示了出来，不同颜色的阴影实际上是三原色以不同的度结合的结果（对原色还有其他的设定但是概念是一样的）。原色就是红、绿、蓝。通过三原色的结合，我们可以看见我们周围世界所有不同的阴影和高亮部分。白光包含有等量的所有原色，这与声音频谱中的白噪声具有可比性，白噪声的声谱中包含了一个相等但是随机分配的所有可闻频率。暗部就是三原色的缺失，对应于音乐或者声学上的描述就是：静音。你无法认知出所有组成基础色的独立颜色，单独的谐波也是同样，它们创造了乐器音色的特征。

一个基本音高产生了谐波频谱。生成的谐波是通过在下一个连续的谐波上加上基音的频率值所得到的。

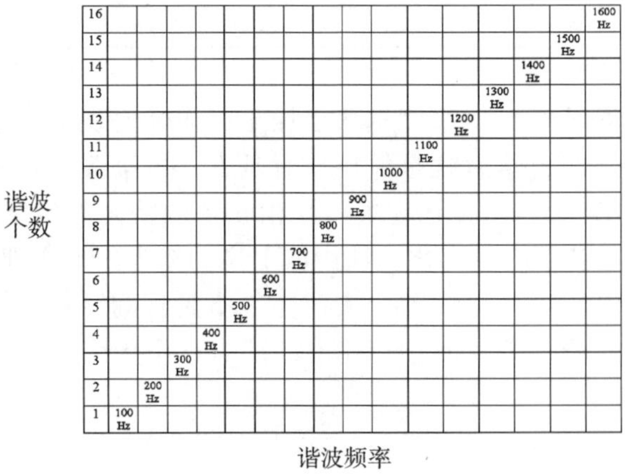

虽然组合起来的谐波大约等同于基音强度的一半，它们在决定乐器的特征上却是至关重要的。为了更进一步研究，谐波的强弱可以被绘成图谱并进行标注，因而产生了一种原始乐器音色的电子图表。电子方式产生的基音的实际音色与原始乐器比较相似，但并不是完全精确的复制。关于谐波的更多详细内容将在第五章介绍。

图 1-19

一个 100Hz 信号及以上的 16 个谐波的谐波表

表面效应与传输特性

由于声音信号通过空气传播，它将不可避免地会遇到其他物体或介质，而这些物体和介质不但可以使声音信号改变方向，还可以吸收声音信号、折弯声音信号、分散声音信号。物体的材质、形状和表面情况将决定声波在接触到表面之后会发生什么情况。当声波遇到一个界面后会发生多种变化，界面是一种介质消失而另一种介质出现的交界。**表面效应**的是当一列波遇到一种介质结束而接触到另一种时所出现的情形。对声波而言，一般是反射、衍射、散射、折射以及被界面所吸收。界面意味着既包括介质也包括物体。

反射

声反射是一些最可识别和最熟悉的声波现象。我们都听到过浴室里的混响。拍你的手，然后听一下声音需要多长时间来衰减，那就是混响。当一列声波接近一个平面时，坚硬的表面将会以与入射时相同的角度从表面反射出一列相同的波。这个角度被称为入射角。

入射角用符号 θ 表示。

在这些特殊的条件下，声音从表面反射出来并且随着距离增加而成反比例的减弱强度。通常这些条件并不会出现，因为大部分表面都是曲面或是包含着变形，这样会使得声波分散开来，就更接近你在周围环境中所听到的反射类型。

散射/漫射

除了不是一个单纯的反射以外，漫射基本上与反射是一样的。当一列声波撞击到了一个不规则的表面，部分的声音将以很多不同的角度从表面进行反射，这种声音的漫射是由表面的不平整程度所引起的。通常如果不平度 ≥ 0.25λ，散射的效果将更易察觉。

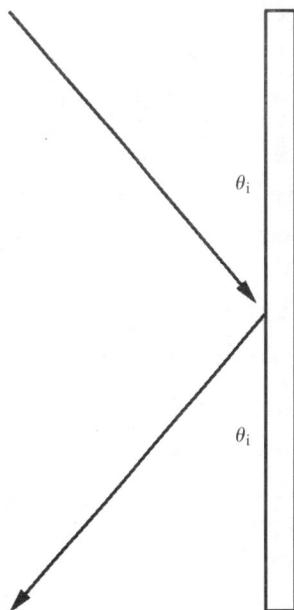

图|1-20|
一个单纯的反射

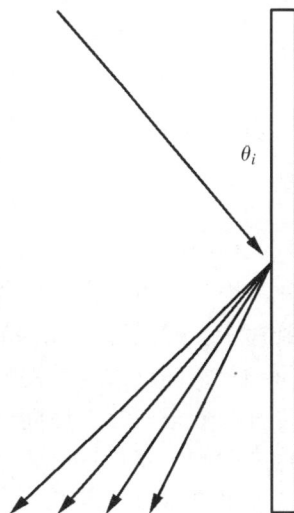

图|1-21|
散射

衍射

声音还可以弯曲。当一个物体大于入射声波的波长时，声波将沿着物体表面弯曲而试图进入障碍物后的空间。这样便形成了一种声学上的阴影，这种阴影导致了物体后方严重衰减的声音。

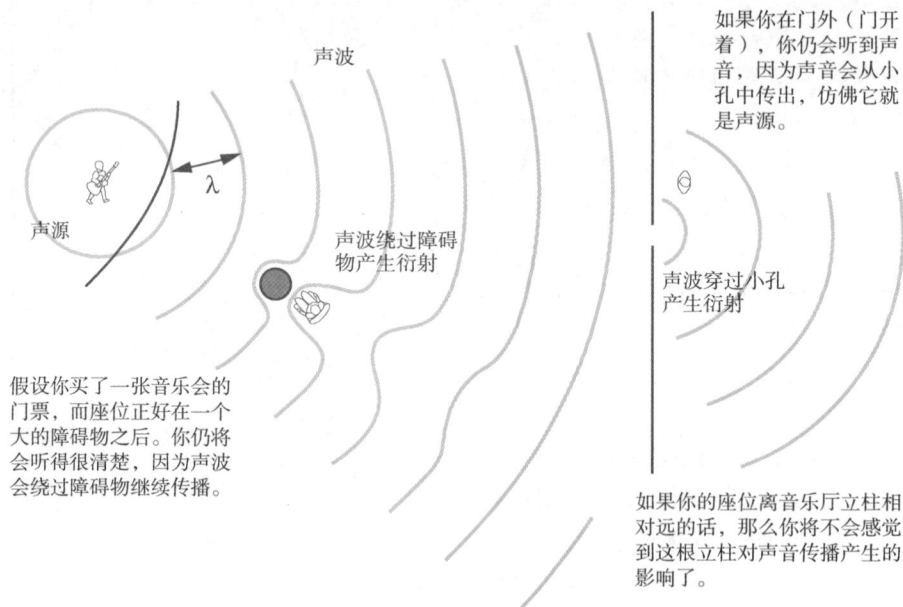

如果你在门外（门开着），你仍会听到声音，因为声音会从小孔中传出，仿佛它就是声源。

声波

λ

声源

声波绕过障碍物产生衍射

声波穿过小孔产生衍射

假设你买了一张音乐会的门票，而座位正好在一个大的障碍物之后。你仍将会听得很清楚，因为声波会绕过障碍物继续传播。

如果你的座位离音乐厅立柱相对远的话，那么你将不会感觉到这根立柱对声音传播产生的影响了。

图 1－22

声学阴影

吸收

声吸收也同样很常见并且易懂，但它非常重要。如果你不得不把家具放到房中，你最可能遇到的就是声吸收。在家具被放置到房间内之前，你可以听到正常的反射或是混响的量，在这个空间中延续着。一旦你将沙发、椅子、灯和其他东西放进房间，声音将不会再产生那么多反射。声音听上去会很干。这要归结于家具材质的吸收属性。

当声波撞击到了一个表面，这个声音的一部分将被表面所吸收。当遇到一个高吸收的表面时，声波所蕴含的能量就耗散了并且进入到物体表面，因而阻止了反射。

折射

最不明显的声音表面效应之一就是当声音从一个介质传播到另一介质时

所发生的折射。比如，当一列声波穿过空气进入水面，声速在水中将会从 344m/s 变到大约 1500m/s。这也意味着，由于这种速度上的增加，声音的方向也将会发生改变。入射声波的入射角（θ）将会不同于声波进入水中后的折射角。

如果一个声音信号穿过一个较薄的介质并进入一个较厚的或是密度较高的介质，它将会在密度较高的介质表面发生折射。

虽然这些表面效应通常不会以单一的形式出现，但这些现象却会结合起来影响着我们的行为以及我们与环境的关系。

图 1 - 23

吸收

相长干涉与相消干涉

下一个关于声音传播特性的考虑就是当声音从不同方向汇集在某一个位置达到顶点的时候。事实上，当声音在某一定点汇聚的时候会发生什么呢？你的第一个回答也许是那个位置的声音将会变得较强，但是有时候也许声音信号会比任何一个原始声音更弱。信号的增强或是抵消被称为**干涉**。

有两种类型的干涉：相长和相消。相长干涉的幅度增加，相消干涉的幅度减小，但是这是如何产生的呢？程度又如何呢？

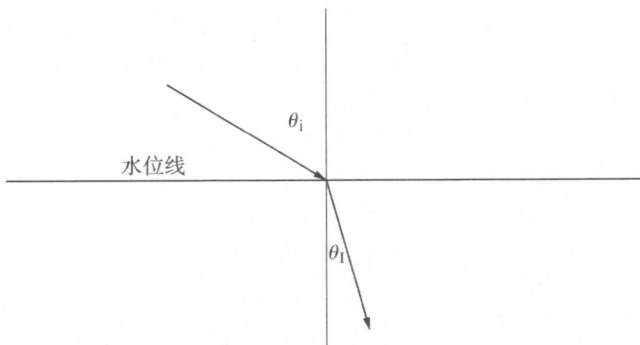

图 1 - 24

折射

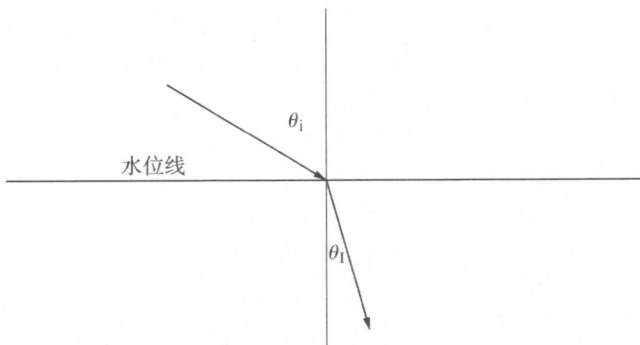

想象一下，假如两个分离的声源同时产生了同一个频率。两列波的波峰和波谷将在不同位置相交。一些波峰会与其他波峰相交，一些波谷也会与波峰相交。当波峰正好与其他波峰重叠的时候，它们被称为**同相**。当声波是同相的时候，叠加信号的振幅将是任一原始信号的两倍。当波谷与波峰相交，这样的声波称为**反相**，并且将会产生抵消效应，造成没有扰动或是完全衰减的声音。

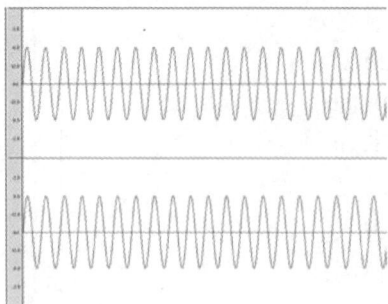

图 1 – 25

同相

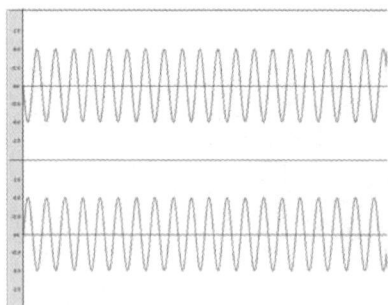

图 1 – 26

反相

也就是说，结果将是零振幅的一条直线。完全同相和完全反相是两种极端的情况。在其他所有点，幅度包括零振幅到被测量的单一声源的两倍之间的所有值。如果两列波互相产生干涉，但是每一列具有不同的振幅，那么波峰和波谷不可能完全抵消。为了实现零扰动，信号必须具有完全相同的振幅。

先前我们在研究周期的时候，我们将周期划分为度。波的**相位**是以度来衡量的。正弦波被分解为一个 360° 的圆周。在 0° 的时候，幅度也为零；正弦波递增至正波峰的最高顶点，此时它的相位角为 90°。然后相位角在 180° 时递减至零振幅；在 270° 时下降至负波谷的最大值，并且在 360° 时回到再一次循环的开始。

如果两个具有相同频率的声音信号在相位上没有差异，它们就是同相的。如果这两个相同的信号在相位上具有 180° 的差异，它们将会反相。

差拍振动

现在，我们来考虑一下频率的组合效应。假如同时出现了两个细微频率差异的信号会发生什么呢？举个例子，如果一个 100Hz 频率和 105Hz 频率结合起来，这两个信号的混合产物将会产生一个跳动的效果，这种效果被称为**差拍振动**。这与和音乐相关的节拍是不同的，但这的确创造了一个声音的稳定的脉冲。有时完全同相的两列波在其他时间是完全反相的。结果就是，这些没有扰动且双倍振幅的点产生了差拍振动现象。

差拍振动的具体数值可以通过较高频率减去较低频率来得到。

$$f_b = f_1 - f_2$$

如果从 105Hz 里减去 100Hz，将差拍振动定义为每秒的周期，结果就是 5Hz 差拍。

听不到差拍振动与我们所研究的两个频率无关。就一般的规则而言，如果两个频率之间的差异大于 30 ~ 40Hz，差拍现象将停止发生。因为这个范围可以同时听到两个不同频率。这在音乐上被看作是音程或是和差音。

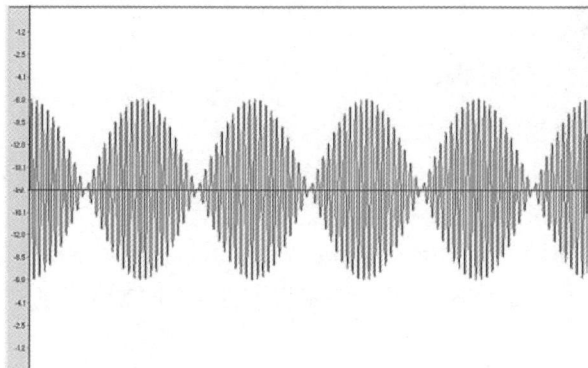

图 | 1 – 27 |

差拍振动

总结

　　所有的声音都必须从振动开始。空气分子都以压缩和稀疏的形式处于运动状态中，这要归结于振动体引起的压力变化。实际中的模拟信号作为声学能量通过空气传递，由于信号由振动的声源向外扩散传播，它向各个方向上扩散，局部分子的干扰向外传播形成了纵波的形式，导致了声音以纵波的形式传播的结果。声音的特性，包括频率、波长、幅度、包络、谐波、表面效应以及速度都使用横波波形的形式来进行分析。每一个特性都成为理解互动和视觉媒体的综合声音设计所必需的部分。

复　习

1. 同相和反相的声音之间有何差异?
2. 声音在人类听觉感知中存在的三个必要基本条件是什么?
3. 一般为大家所接受的人类听觉范围是什么?
4. 波长和周期之间的差别是什么?
5. 说出相长干扰和相消干扰的定义。

笔 记

第二章

模拟录音和还音

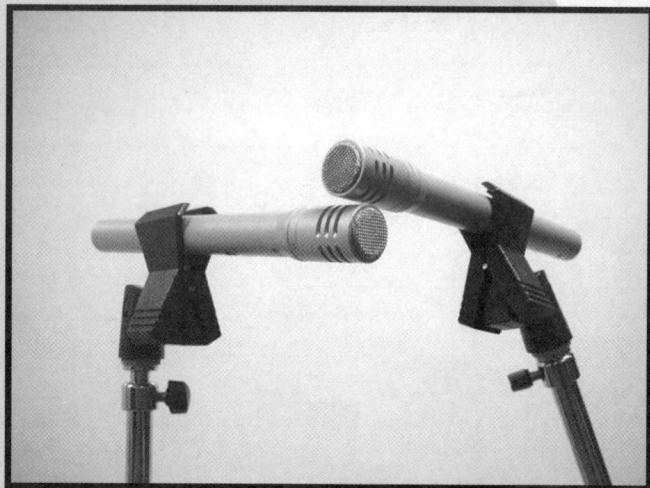

2

目标

对录音、混录和监听的基本认识

话筒工作原理

混录操作的原则

监听的原理

系统信号的输送

介绍

这一章讲述录音、混录以及监听的基本法则。基本的录音、混录和监听技术包括话筒兼容、混录提示以及监听类型和设置。也涉及信号流的原理以及各种硬件设备的连接。

模拟录音和还音

录音、混录以及还音

声学揭示了声音科学的理论。要应用声学中的理论，了解录音和还音的具体工作和流程是十分重要的。你所使用的录音和还音系统以及你为之准备声音的目标还音系统，比如电影院或是家庭影院，对于成为一名专业的声音设计师来说是很基础的。只有系统地学习录音和还音技术才能令你成为一名合格的专业人员。

录音、混录和监听工作需要大量的试验和失败，不要害怕进行实验。声音最终进入你的电脑所经过的路径是理解录音和还音过程的最重要的方面之一。录音是一项需要被发展的技术，在准确地获取你想要的声音上仍包含许多细节，这只有通过实践来达到——大量的实践。不同种类的话筒和还音设备是达到这个目标的工具，我们并不需要了解每一种品牌，但是我们需要知道不同种类的设备以及它们在录音中的作用，了解它们之间的差别是为你的项目获得高质量音频的第一步。研究在实地和录音棚中最常见的话筒种类是一个很好的开始，但是首先我们必须对电流和换能器做一些了解。

关于电和磁的一些问题

理解电并没有那么复杂。首先来看看一些术语，**电流**是从一个地方到另一个地方的电荷流，为了量化和计量这种电荷流，我们使用**安培**。一安培等于 6×10^{18} 个电子在给定的某一秒通过一定点。上角标 18 表示 18 次方或者说在数字 1 后有 18 个零（1000000000000000000），这个电子数相当大。电流中还蕴含着某些东西，推动它朝着给定的方向运动，这个"推力"就叫作**电压**。测量电压是从话筒到控制台的音频信号路径的必然组成部分，并且除此以外，电压被用来作为进入一个系统的声强和幅度的量尺。

许多实现声音的录音和还音的元件是使用电的。为了了解这些元件，对用电设备的一个基本介绍是必要的。

换能器

能够将一种形式的能量转换成另一种形式的能量的任何设备都可以被称为**换能器**。就音频方面而言，这应当是一个将声波转化为电信号的设备，并且反之亦可。话筒也是一种换能器，它将振动体产生的压力转换为电压或者电信号。与此相反的就是扬声器或者其他监听设备。监听设备将电信号转换为声波。

如果你有一个旧的、便宜的动圈话筒，并且真的不需要用它来做什么，将它连接到一个还音设备的输出接口上。当音量达到足够高时，你可以听到还音，那就是来自话筒的声音。注意：不要使用太好的话筒来做这个试验，你所造成的破坏将是不可挽回的。因此，当谈论动态设备时，扬声器就是传声器的对立面。

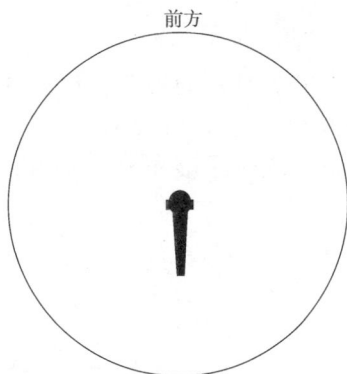

前方

磁性

图 2-1

当一个导电的金属悬挂在磁场中时发生了
一个导电金属悬挂在磁场中
一些有趣的事情：它具有创造与悬挂金属的运动相等和成比例的电荷的潜能。这种现象的存在应当归结于**电磁感应定律**，它的一般表述为：当一个导电金属处于磁场的磁感线里时，金属内将产生一个规定方向和规定幅度的电流。**磁场**就是环绕在磁体周围的透明的能量场。

如果这些导电物质处于运动中，它们就会产生电流。传声器以换能器的方式产生作用，将声压力波转化为电脉冲。

传声器

传声器是用来录制声音的工具。传声器是以声压力波和电信号之间的接口的方式来作用的，然后这个信号就通过电缆线进入调音台——如果有的话，并且进入录音设备或者输出监听。

拾取声音

学习传声器要问的第一个问题是"我们要尝试录什么？"是室外声源还是室内声源，是在反射空间中，还是在飓风下或者其他声源可能存在的场景中？录音的性质和所录制的声音决定了应该使用哪种类型的传声器，这是录音流程的开端。注意，并不是节目中所有的声音都来自于对声源的拾取，很多时候也会使用音效库中预先录制的声音，虽然最好的效果往往来自于起初的在你直接把握下的录音。

传声器种类

在专业录音工业当中最常用的三种传声器种类就是动圈、电容和铝带。

动圈话筒

最常使用的话筒是**动圈话筒**。动圈话筒因为非常耐用和坚固而出名，同时相较于电容话筒而言又相对便宜。动圈话筒可以在很多情形下使用，一般来说，在音乐会和现场表演中看到的话筒都是动圈话筒。

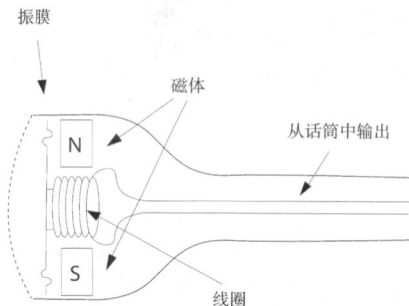

图|2-2|

一个基本的动圈话筒的设计

动圈话筒的构成是基于一个与导电金属的线圈相连接的振膜，而这个导电金属漂浮在磁通量里面。当这个振膜对声波冲击的压力作出反应时，线圈就开始运动，通过与线圈连接的输出线输出电流到它的目的地。电流的幅值和方向都与线圈的运动成比例，也就是说振膜的运动出现了电学上的表现。动圈话筒能够依靠自身产生电信号，尽管很微弱。这个信号的终点可能是从扩声系统（一个声音增强装置）到**调音台**或者**控制台**的任何一部分。

动圈话筒中存在一个磁体，以及其他沉重的部件。这些部件形成了动圈话筒的耐久性，当然此外还存在另一个原因：磁场非常强大并且使悬挂在其中的线圈很难脱离。由于这些部件的平均重量，振膜的反应将稍有点慢，这限制了话筒的**频率响应**。高频需要振膜高速运动，同时高频也具有短波，而短波需要更灵敏的响应。如果话筒的部件很笨重，那么响应则较慢，因此衰减了较高的频率。如果**瞬态特征**变化了，音乐中快速的起音，或是录音中将出现信号峰值，那么也许使用动圈话筒并不是一个恰当的选择。专业领域上有用到非常灵敏的动圈话筒，但是如果希望获得一个范围较广的频响，也许还有其他更好的选择。然而，在大多数现场演出中，动圈话筒即是你所需要的全部。

购买动圈话筒

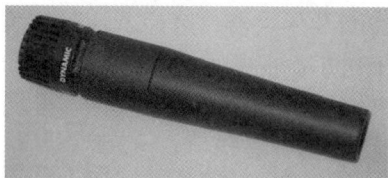

图|2-3|

舒尔 SM-57 话筒

当你购买动圈话筒的时候，首要需要了解的是伴随着你的电脑装置一起的话筒可能低于你所期望的质量水平。在商店里有许多不同品牌和种类的动圈话筒可供选择，而它们在对声音的操作和效果上也有所不同，但是有一种特殊的话筒，每个录音的人都拥有它：舒尔（Shure）SM-57。

在每个录音棚和声音设计师的工具箱里都能看见这种话筒。毫无疑问，它是许多许多场合下的重负荷工作机器。它不是很贵，并且能够在不同环境下使用很久。我的 SM－57 掉在地上过、被踩过、被雨淋过，而且还曾经被意外地放置在一个爆炸的环境中（我为做一些音效工作来录制这个爆炸），但是它仍然能很好地工作。如果你不知道以什么话筒来开始工作，SM－57 是一个很好的选择，并且你可以实施许多实验而不用太过于担心会损坏它。去尽快地买一个吧！

一般来说，最初选择 50 美元到 150 美元范围内的任何一种动圈话筒都非常好了，但是电容话筒也可以在这个价格范围内买到，并且如果需要获得更宽的频率响应，选择电容话筒将会更具吸引力。

电容话筒

第二种最广泛应用的话筒就是电容话筒。电容话筒的构成和动圈话筒完全不同。首先，电容话筒不是以磁性为基础，但它也可以产生电压。然而，这个电压几乎不产生功率，需要通过输出线来输出。第二，电容话筒物理上比动圈话筒娇贵得多。如果你把一个电容麦克摔在地上，也许你已经彻底地毁了它，但是，如果你是将一个动圈话筒摔在了地上，在大多数情况下，你只需要将它捡起来然后继续使用。另一个重要的方面就是频响，电容话筒具有灵敏得多的频率响应，下面将详细讨论。

电容话筒设计的原理是基于电子的运动和一个裸露的电容器的工作。一个振膜放置在一块导电极板的前面，振膜和极板被一个小空气团分隔开，这样形成了一个电学部件叫作电容器。不像动圈话筒，为了使电流能够通过，电容话筒需要一个外部的电源供给。当振膜对声信号所产生的气压作出反应时，它会朝里运动之后朝外运动，这样会减少而后又增加电容器里的电容量。电容量的这种变化会改变通过电容话筒的电流量，因此会产生一个对录音有用的信号从而生成声音。也就是说，这种变化形成了振膜运动的电学表现，并且通过输出线送出这个信号至它的目的地。

为了发送出一个有效的信号，电容话筒需要一个外部的电源供给。这个电源供给称为**幻象供电**。一个约为 48V 的极化电压通过外部电源的形式被应用于电容话筒。这样形成了一个稳定的电压，这个电压使得产生可与声波相比拟的电学表现成为可能。幻象供电来源于分离的外接设备，或是在更多情况

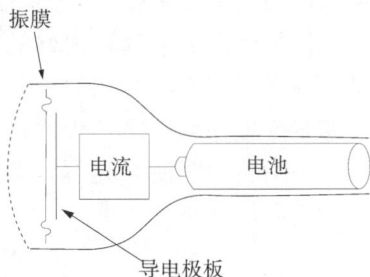

图 2－4

电容话筒的设计

下来源于控制台（调音台）或者电池。

购买电容话筒

有很多地方你都可以找到电容话筒。科技用品商店也很可能有电容话筒出售，但是别犯傻，你有可能买到一些制作不太好的话筒。

在网络上来寻找将会是一个更好的选择。网络上有很多很好的资源供你来挑选，如果你仔细搜索，你可以买到一个 150 美元之内的相当好的立体声电容话筒。

铝带话筒

铝带话筒是最少使用的一种话筒，但是它具有某些特性，这对增强声学上的乐器声音和无线电广播工业很具吸引力。铝带话筒是基于和动圈话筒一样的普遍的磁性原理，其中有一条波纹铝制的薄铝带放置于一个强力磁体的磁极之间，通过输出线在磁场的顶部和底部连接起来。铝带被紧紧夹在一个地方，这个位置使得铝带可以进行纵向的运动，就像振膜引起的运动一样，因而铝带就像振膜一样产生作用。虽然铝带话筒也是基于电磁学的原理，但它并没有产生一个达到话筒电平的足够强的信号。铝带话筒不使用幻象供电；取而代之的方法是，现在的铝带话筒中设计了一个内置的变压器来提升电平达到一个可接受的水平，它就像是有一个置于话筒内部的信号增强器，这种装置是一种预置放大器。预置放大器是一种独立的装置，它用来帮助增加信号强度，达到与调音台和录音设备兼容的电平。

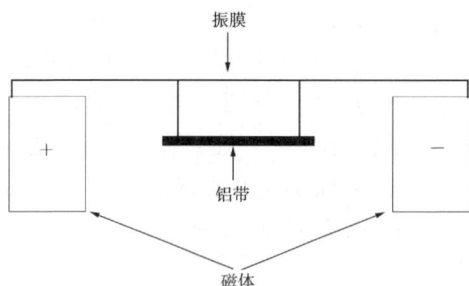

图 2-5

铝带话筒的设计

铝带话筒由于具有很好的瞬态响应能够产生温暖的音色而出名。这对铝带话筒在人声拾取的能力上是有利的，无论是在演唱还是演讲上，但这种话筒非常笨重并且易碎。相比过去而言，今天的铝带话筒制造商会将它们制造得更为结实，即使是这样，你仍然不愿意冒险摔坏或是撞坏一个铝带话筒，因为它们仍然非常昂贵。

购买铝带话筒

铝带话筒非常昂贵，如果你打算购买一个的话，你首先应当考虑的一个问题是：你需要用它来做什么。如果你打算在实地录音，你不需要它；如果你打算录制**动效**（Foley），你也不需要它；如果你需要在录音棚里录制一些人声，并且需要这些声音特别温暖，那么你绝对需要它。重点就是：选择符合你需要的话筒。

每一种话筒都有其特有的频率响应和**动态范围**。频率响应和动态范围的分析和测量是其本身的一种科学。当在预估哪种话筒将会适合某项工作时，破译这些重要的特征将会使你能够为这项工程选择最合适的话筒。话筒的"表现"是了解这个录音听上去如何的关键。

动态范围、频率响应和指向性

所有话筒都可以以它们对声波的响应作为特征。话筒对声波的响应最重要的几个方面就是动态范围、频率响应以及它们的指向性。

动态范围

话筒的动态范围就是话筒能够提供给录音设备或是调音台的一个可接受的信号的声强范围。话筒具有不同的动态范围，这个范围基于话筒的组成、设计，当然还有灵敏度。

动态范围小表示话筒只能产生相对于**固有噪声**而言有限的幅度范围内的信号。更宽的动态范围则表示话筒可以产生一个在更大幅度电平范围内的有效的信号。在现场拾音的应用中，其中也许会存在一种情形：固有噪声电平近似为50dB SPL（有几个人的空音乐厅），而话筒的峰值幅度电平为120dB SPL。为了计算动态范围，我们可以简单地用峰值电平值减去固有噪声电平值。

$$峰值电平值 - 固有噪声电平值 = 动态范围$$
$$即 120dB\ SPL - 50dB\ SPL = 70dB\ SPL$$

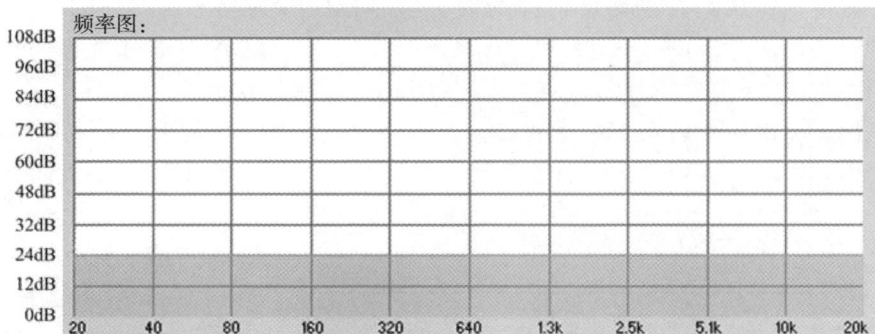

图|2-6|

系统的固有噪声

因此就可以说这个话筒的动态范围是 70dB SPL。这个值听上去也许并不是很大，但是分贝值是对数形式的（见第一章），所以从最弱的声音到幅度峰值，这个强度的比率是 1 千万比 1。这是一个相当大的范围但还绝不是所有情况中最佳的。

已经介绍过了一个新名词：固有噪声。一个系统的固有噪声是表示能够被视为有用信号的最小声音的电平。所有的设备都发出噪声并且在系统中产生噪声。所有低于固有噪声的声音都被固有噪声所掩蔽，因而没有被听到。

频率响应

话筒的频率响应，概括地说，就是一个话筒如何在不同频率对声压级（SPL）转换为音频信号作出响应。通常你可以通过看说明书来了解一个话筒的频率响应，虽然这并不能给你全部的信息。一个频响平直的话筒即是一个可以在所有可闻频率上，将给定声压级转换为相应的幅度电平的话筒。这是一个声音增强话筒的理想响应。

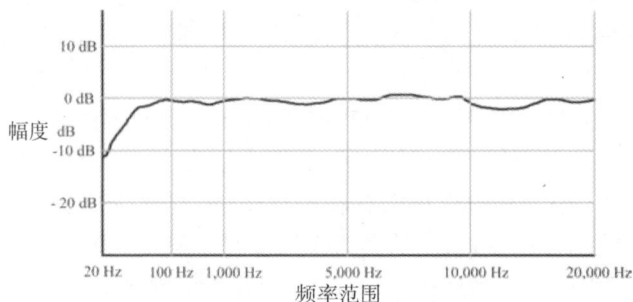

图|2-7|

一个基于人耳听觉范围的平直话筒频响

在上图中，y 轴代表幅度，x 轴代表所测量的频率范围。当一个扫频信号以固定电平发送至话筒时，话筒的输出信号在所有频率上是相同的。然而，这并不是对所有场景都是理想的。

基于一些特殊场合的需要，一些话筒在设计上是特别针对特定频率范围的。比如，一个频响高峰在 4000Hz 到 8000Hz 左右，而滚降至底部约在 100Hz 左右的话筒，对于歌唱家来说

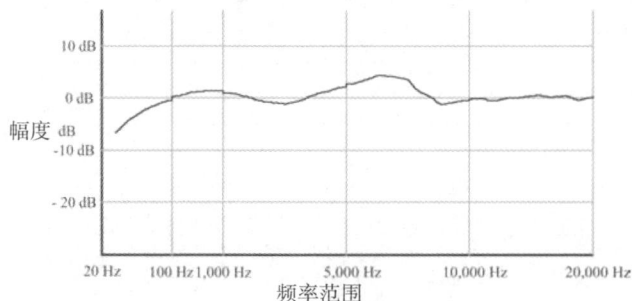

图|2-8|

对人声的录音来说理想的话筒响应

将是一个理想的话筒。人声谐波在较高频率的共振较好，并且歌唱家的低音从不会低于100Hz，这样可以形成话筒的一个良好的响应。

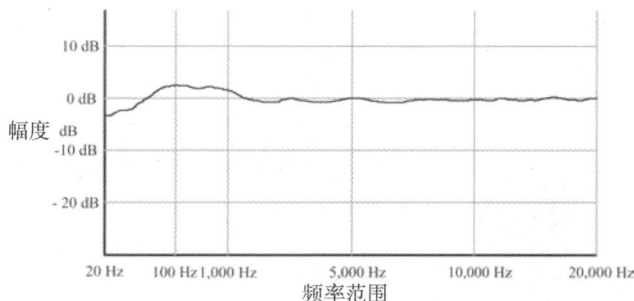

图 | 2 - 9 |

100Hz 到 1000Hz 左右的频率峰值响应

另一方面，如果计划录制一架鼓或是其他低频乐器，一个从50Hz以下开始衰减并且在100Hz 到 1000Hz 左右范围内具有一个峰值响应的话筒将是最理想的。

指向性

话筒的指向性是构成话筒响应极坐标的极头周围的区域。每个话筒都有极坐标响应，但并不是所有的响应都是相同的。

基本上，研究话筒的极坐标响应时有两个方面需要考虑：轴向和离轴。轴向角，或是说0°，是声音信号直接进入话筒的地方。离轴通常被定位成与轴向角成180°。入射的离轴角通常是信号进入话筒会被衰减的位置。为了定位极坐标响应的区域，必须在话筒的极头周围创造一个360°的图表，这样是为了确定信号来源的方向以及在入射角不同时何种频率会响应。

轴向
前方0°

话筒的两种指向性分类是全指向极坐标响应和指向性极坐标响应。全指向话筒在所有方向上对声压作出响应。另一种理解这个问题的方法就是将振膜在所有方向上对声压的具有同等响应的情形视觉化。

图 | 2 - 10 |

基于轴向 0° 的话筒的方向轴

另一方面，指向性话筒在特定角度对声压力作出响应。这是一种压差式话筒，也就是说这种话筒对声压作出的反应不是在所有方向上都相同。实际上，一个纯粹的压差式双指向性话筒将具有下文中所描述的极坐标。话筒的前面、后面和两边对入射声音的响应都和直接在轴上的位置有所不同。

前方0°

图 | 2 - 11 |

全指向性

以下是更具体的极坐标响应类型—— 一些典型的话筒。

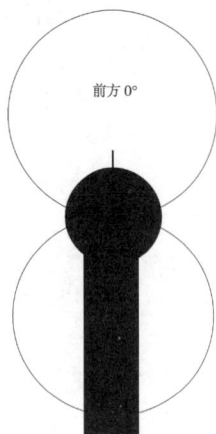

图|2-12|

纯粹压差式双指向性
话筒的极坐标响应

图|2-13|

全指向话筒的极坐标图

极坐标响应

话筒周围的响应区域叫作极坐标响应图，这个区域决定于你所拥有的话筒的类型。不同类型的极坐标图应用于不同的场合。

全指向

前面提到过的全指向话筒，在所有方向上以一定精确度拾取声音，并且通常是电容话筒。全指向话筒通常在录音棚中使用，但绝不专属于此。全指向话筒比指向性话筒在低频段具有更好的频率响应，并且由于全指向话筒在全频带平滑的响应特点，它具有更低的声反馈阈值，这样也使它成为一些户外录音的理想的话筒。对于声音设计的录音来说，全指向同时具有一些正面和负面的特征。全指向话筒的好处是它拾取了振膜四周的声音，当试图录制户外的或是嘈杂环境时这是十分有趣的。你可以通过全指向获得一个非常好的平衡的录音。全指向话筒的缺点是它们拾取到了振膜周围的所有声音。这也就说明，不想获得的声音也同时"流"进了话筒，例如呼吸的声音、衣服的摩擦声和移动位置的声音等。这些事情对于一个录音工作来说通常是产生干扰的，并且也许最终导致你不得不回到实地再试一次——通常是在下雨的时候。这一点也不有趣！图2-13是一个典型全指向话筒的极坐标响应图。

心形

心形指向是目前最常使用的响应类型，电容话筒和动圈话筒都使用这种响应图。这种响应图的形状像一颗心脏，这也是这个名称的来源。心形话筒拾取轴向上的声音时非常好,但是在话筒的两边和背后效果就变差。这是一种我们需要的响应,特别是在声音的增强上,但是它是如何对某个项目或是音效的录音起到帮助作用的呢?它能够有效地阻止来自话筒离轴面的声音,在很多情况下,这能够使你在录音时不用太担心来自话筒后方的各种运动的杂音。

当录制人声的时候,有一点很重要,指向性图的主轴总是要直接指向歌手、演讲者或是人声的音效。如果声源离开话筒前方的位置,在声音表现上会出现一个严重的听觉陷落,并且声音会变薄。现在你开始意识到**话筒杆**操作员在**录音监制**人员当中的重要性了吗?很可能你已经见到过一个话筒从你的电视屏幕顶端伸下来,那是话筒员正在使用吊杆话筒尝试获取可能来自于演员或是新闻主持人的"最实"的信号。有时候这些话筒是心形的,其余则是超心形和锐心形。图 2 - 14 表示的是心形话筒的极坐标指向性图。

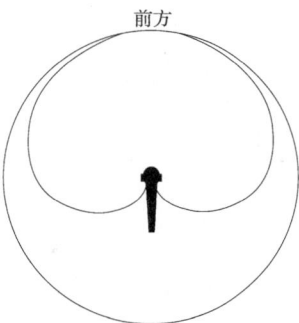

图|2 - 14|

心形话筒的极坐标图

超心形

超心形话筒与心形话筒相似,但是指向性更强,其话筒的软管更长,这样允许增加更多后方的小孔,从而形成了更具方向性的响应。超心形的另一个常见的名字是"迷你枪式"。当你不能够靠近声源或者由于一些安全方面的原因需要与声源保持一定距离时,这种话筒便会派上用场。图 2 - 15 表示的是超心形话筒的极坐标指向性图。

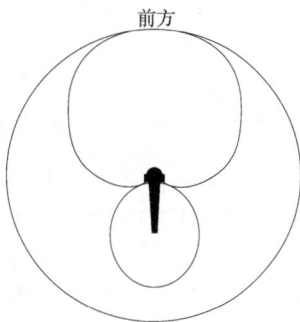

图|2 - 15|

超心形话筒的极坐标图

锐心形

锐心形即是"枪式"话筒。它具有非常强的指向性并且能够在远距离提供一个非常清楚的录音信号。如果使用话筒的人经常走来走去的话,枪式话筒并不是一个好的选择。你可能已经在《周一足球夜》(美国的一档体育节目,编者注)中的边线上见过它们。记者们尝试在开球之前用这类话筒去捕捉那些受关注的主力球员

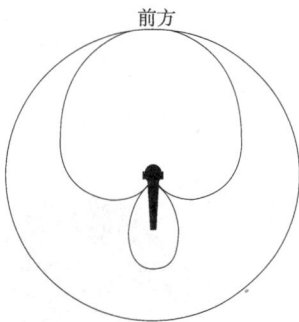

图|2 - 16|

锐心形话筒"枪式"的极坐标图

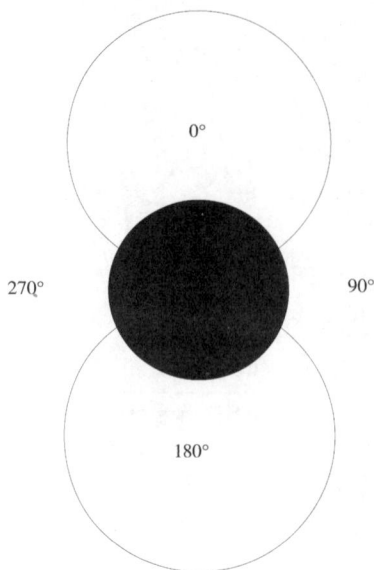

或是其他球员的声音。图 2 - 16 给出了锐心形话筒的极坐标响应图。

双指向

双指向性话筒是指一个话筒前后对信号具有同等响应的极坐标指向性图。最强的信号出现在轴向的位置，或者说是 0°，以及离轴的位置，或者说是 180°。话筒的侧面对直达声没有响应。虽然它们不是很常见，但是它们的确具有特殊的作用。它们经常用于两人在屏幕上极为贴近的对话，通常是与对方对面坐着或是站着。图 2 - 17 表示的是双指向性话筒的极坐标指向性图。

图 2 - 17

双指向性话筒的极坐标图

话筒摆位和录音技术

话筒摆放时拾取对象的范围相当大，不可能囊括到所有能够让你全面了解这个场景所必需的细枝末节，但是保证一些基本方面将会对你的实地录音有所帮助。

首先要记住的一件事是录音只能达到和你使用的设备一样好的效果。如果你使用廉价的设备，那么录音中就有较大的可能性会导致糟糕的结果。即使在你的声音设计职业的现阶段，你没有很多钱可以花费在音频设备上，仍然有可以满足要求的可选方案，特别是在为基于网络的媒体进行声音设计时。

如果听众或者用户是网络参与者，那么往往他们会使用一组低端的或者低清晰度的扬声器来监听网页或是界面。游戏工业的迅速发展使得局面有所变化，这种发展导致了越来越多的人为了适应游戏的环境而装配了新的音频系统。通过默认状态，他们也同样拥有梦幻般的互联网音频参与的设备。无论哪种方式，主要的目的都应该是为了获得最佳的拾音的可能，即使大众并没有意识到你所创造的声音文件中丰富的频谱。

很可能你没有理想的条件来获得完美而未受损的录音，但是在话筒摆放上却有一些可能获得"最实"信号的关键位置。在"开机"之前有两个方面的考虑。第一点就是话筒有许多不同的类型和样式，每一支话筒都有其独一无二的声音特性，并且通常是由工程师或是监制混音师来决定什么信号该去哪儿。为了获得最符合这个场景的声音，使用几支话筒做一些测试是非常重要的。一旦你选择好了合适的话筒，那么就要思考话筒的摆放了——也就是第二个方面的考虑。

对于话筒摆放来说有许多不同的解决方案。对于这件事而言没有正确或者错误的方法，全都决定于期望的声音是什么样子。

立体声和单声道

关于话筒摆放要思考的第一件事情就是这支话筒是**立体声**话筒还是**单声道**话筒。在下面的例子里，两只单声道话筒可以用来获得左右的平衡。这两种常用的设置就是"XY"形和"V"字形。

据说两种设置都能够得到清晰的声音形象。只有耳朵才能够决定哪一种听上去更好。两种设置都尝试，并且做尽可能多的实验以获取你在找寻的结果。

图 2－18

两个心形单声道话筒所组成的标准"XY"型。两个振膜相互之间非常接近，并且两支话筒呈45°～60°角

如果能够使用立体声话筒来获取一个立体声的声音形象，话筒的设置和摆位又会明显有所不同。

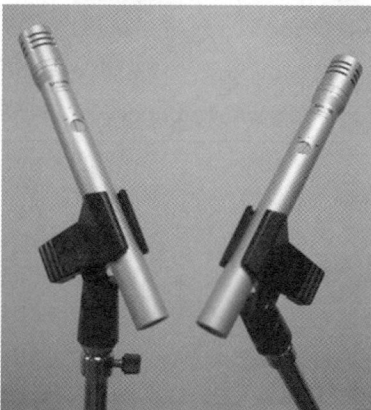

图 2－19

标准的"V"字形。通常是话筒底部靠近，从而形成一个"V"的形状

通常，话筒应该被放置在声源的前面，在录制乐器的情况中则是在乐器前方或是与乐器上振动散播的部分略微呈一些角度。话筒技术的两种普遍的类型——近和远。近话筒技术，通常在距声源1米之内，减少了环境声进入话筒，通常得到一个较实的信号，并且提高了低频的响应。使用近话筒技术的另一个结果就是贴近话筒，使声音非常靠近，有时候需要通过后期处理来赋予它一些距离感。当声源，通常是人声，非常靠近话筒时，会产生近讲效应，在0.3米远时就很典型。这种效应是一种在频率均衡中提高了的低频推进，有时候在低频端

高达 16dB，电台播音员一直在利用这种效果。近讲效应通常从距麦克风 0.6米左右的半径开始产生，并且增加到 0.3 米的半径。指向性话筒特别容易受近讲效应的影响，而全指向话筒则完全不受影响。

远话筒技术则允许更多的环境声进入话筒，这也许增加了录音的本底噪声，但这也同样在录音中创造了一种空间感并且降低了低频的响应。两种拾音距离都兼具优点和缺点。选择哪一种方式决定于你愿意如何取舍。

在一些规定的情境下，你如何知道应该使用哪种类型的话筒？表 2 - 1 中包含了一些也许能够在你的决策中有所帮助的指导方针。

在进入到扬声器之前，关于录音的其他一些方面也应该有所介绍。以下列出的这些效果是造成很多失败的原因，但是正确的操作并不是那么复杂或是那么难以实现。

咝声

咝声是字母"S"发音时在话筒振膜上产生的效果。这个结果就是在话筒的频率响应上有一个尖锐的高频冲击。这会对整个声音文件上造成一些影响。当编辑这样一个文件时，通常将会对那些咝声存在的位置给予特殊的关注。可以花费较长时间去尝试，使文件听上去是正确的，或者至少能够通过。使用音障板（有时候叫作噗声滤除器）来避免咝声（图 2 - 20）。

表 2 - 1　常见话筒的一般属性

动圈话筒	耐用的 相对便宜 不需要幻象供电 很合适现场演出 有时候用于在录音棚内拾取鼓、吉他和低音吉他 不是非常高效，这会需要更高的增益从而导致出现不希望的噪音
电容话筒	不是很耐用 中高价位 比动圈话筒更灵敏 需要幻象供电 有时候在录音棚中用于录制人声 经常用于录音棚内
铝带话筒	非常精密 可以非常昂贵 很合适无线电广播 有时候需要幻象供电，有时候则不需要 使人声听上去温暖，被描述为听上去像"天鹅绒"一样

爆破音

爆破音就是那些穿透话筒振膜的具有冲击力的"P"和"B"音。这些发音在输出阶段产生了"撞击"型的声音，并且能够造成失真，或者从数字方面来说，就是削波。再次使用噗声滤除器来避免这样的一些影响。

扬声器

现在是时候来研究信号链的另一端了：监听阶段。

扬声器只不过是一个反过来的话筒。如前文提到的，扬声器这种转换器将电信号转换为声波，然后这种声波在你的音频环境中被人们听见，这个转换的过程就完整了。

图2-20

隔音室中设置在支架上的噗声滤除器

你需要拥有一套稳定的处于恰当位置的监听系统来对你所做的工作进行还放，当某个专题的工作开始后，这种需要的重要性就变得近乎残酷了。一开始，一对好的商业音箱就够了，但是随着有偿的工作开始介入，或者说如果收入允许的话，购买一对好的监听音箱将是必要的。监听音箱是理想中设计为平直响应的扬声器系统。一般的商业音箱更多的是为普通消费者所设计，而他们并不需要追求音频的精度；这些音箱的构造一般都是基于外观上的吸引力，虽然视品牌和结构而定，它们听上去也很不错。一个平直的响应意味着监听可以以一个恒定幅度发出可闻域内的几乎全部频率，扫频信号被用于测试这种响应。

一些较为广泛使用的监听品牌有天朗（Tannoy）、JBL、真力（Genelec）、M－audio、爱丽丝（Alesis）、美奇（Mackie）和雅马哈（Yamaha）。它们并不便宜，但是当考虑音频的精度时，它们完全是物有所值的。一对正规的监听音箱应当是你的声音设计工具当中的一部分。

作为一名声音设计师，为什么使用监听音箱来监听声音和音乐如此重要？它能造成怎样的不同？是的，它造成了巨大的不同。有时候这有点让人迷惑难懂，但是如果不能以最高清晰度和精确度来监听和分析音频，那么在普通电脑音箱或电视的音箱上听你的作品会是什么样子？更糟的是，如果在另一套优良的系统中，使用的是其他的设备而不是一对正规的监听音箱，这时你本来有机会可以炫耀你的作品，可是声音听上去会是什么样呢？如果在质量较差的监听上混录，最终的成果也会较差一些。关键是声音工作应当以可能的最高质量的音频分辨率来开展和安排。这将会确保你想听到的一切确实能够在还放中听到，如果这种还放是在更小、更具频率限制的音箱上，至少这种音箱上出来的是曾经在创作上和监听上能够达到的最好的声音。

监听音箱的供电

怎么给扬声器供电？不像一些之前提到过的话筒，监听音箱和扬声器需要很多能量来产生模拟信号。商业音箱通常由一个立体声接收器来供电。另外，监听则有两种不同的供电方式：无源和有源。无源监听音箱需要一个放大器来给驱动器供电，有源音箱则是在箱体内内置电源。当然，有源音箱要更昂贵并且通常会是最好的选择。关于有源音箱的一个优点，就是大部分有源音箱都具有一个内置的频率切除，防止功率骤增时毁坏监听的驱动器。在使用放大器的情况下，如果放大器开到足够大或者调音台上的增益已经不能再推大，驱动器将会很容易被烧毁。如果不小心，粗心大意造成的放大器功率骤增会真正造成烧毁扬声器的危险。

监听音箱的规格

监听音箱基本上分为两种规格：二分频和三分频。二分频的书架音箱具有一个**高频扬声器**，通常为直径 1 英寸（1 英寸 = 0.025 米），高频扬声器产生高频，通常是 4kHz 以上，同时还有一个**低频扬声器**来产生较低的频率。在二分频的扬声器中，低频扬声器负责 4kHz 以下的频率。这种高频扬声器和低频扬声器都被称为**驱动器**。二分频的书架音箱中的低频扬声器一般是在 6 英寸到 8 英寸之间。

三分频的配置则是 1/2 英寸到 1 英寸的高频扬声器，以及 3 英寸到 5 英寸的**中频扬声器**——用来产生中频，还有 10 英寸到 15 英寸的低频扬声器。中频扬声器大致是产生 250Hz 至 4kHz 之间的频率。所有的驱动器有所不同，给出的范围也都是近似值。

在理想条件下，各个独立驱动的频率输出应该是覆盖到听觉的全部范围。很多音箱其实远远高于这个范围。

分频器

分频器电路是负责管理分配频率的驱动器。

图 2-21

具有高频扬声器和低频扬声器的二分频音箱

当一个信号进入到扬声器，所有的频率都进入扬声器，就像一个组合体。分频器接收了这些频率并基于还音的需要把它们发送到合适的驱动器。分频器就是监听的智囊，大量的研究和精力被用于创造和发展高质量的分频器上。分频器越好，声音的分配就越好，从驱动器中出来的音频质量就越高。

一个专题当中的监听阶段是至关重要的。一旦完成了某个专题中一定量的工作之后，那么就该考虑混录的工作了。记住，无论最终用户的音频配置质量如何，制作阶段使用高清晰度的还音都是十分重要的。

图 2-22

具有高频、中频和低频驱动器的三分频扬声器

监听音箱的设置

监听音箱需要被放置在正确的位置才能获得准确的音频"图像"。监听音箱的高度应当是大约在你的头部左右。通常我们会在坐在一张宽敞而舒适的椅子中，在这个位置作出对电平的测量，因此我们应当对这个位置进行相应的调整。理想中监听音箱和你应该形成一个三角形，而你是其中的一个顶点。每一个组成部分（两个监听音箱和你自己）之间应当是相互等距的，这种配置是适应于声音设计师在 DAW（数字音频工作站）中工作的。除此以外，可以在某个角落的地板上放置一个性能优良频率丰富的次低音来补偿低频。对互动音频的工程来说，包括游戏、虚拟空间和音景，这是一种最常见的设置，这被称为是一种**近场**监听的设置。书档音箱（bookend speaker）基本上是处于你所坐位置的 1～1.2 米范围内。大量的直达声自然会向座位或者"热点"传播，因此音频的清晰度将会或者说应该会较高。这是很好的，但是如果一个工程需要声音在一个较大空间中被分散，而不是先前的工作台模式时，情况将是怎样的？事实上，这种情况在专业录音棚中常常出现。人们将大的音箱，通常是三分频的，悬挂于离控制台一定距离处，这些就是**远场**监听。它们不仅仅产生了更佳的全方位的信号，它们还将规模和距离这些非常重要的方面纳入整体的平衡中来。近场和远场监听的结合几乎为你的作品在任意条件下的发声情况提供了一个很好的检验方案。

一旦设备都已经设置好并且你的声音系统工作也已达到最佳状态，你就可以开始考虑混录的工作。

关于混录的一点提示

混录就是把你所创造、录制和处理的音频集合到一起。在控制台那一节的内容中对此给出了更多详细的内容，但是几个开始的要点应当进行相应的说明。

　　混录过程应当以一个全新的视角来处理，脱离声音和音乐创作的辛苦工作。混录是一门成就其自身的艺术，你必须要对混录非常小心。

图|2-23|

带有次低音的典型立体声近场监听设置

　　如果对你自己所做的工作进行混录让你觉得不舒服，那么去找一个能替你做这项工作的人来。大部分的声音设计师，无论是在互动设计领域还是电影中，都基于一个简单的原因需要对混录有所了解——因为身边没人可以替你来做。这是一个快乐的麻烦，它迫使你开始进入对素材的混录。

　　混录必须在合适的环境中完成。之前所讨论过的监听设置对现在来说恰好非常有用。这确保了你所创作的声音将会完全得益于房间声学，同时避免耳机监听时可能遇到的限制。

耳机

　　现在，在以上关于监听的所有讨论之后，耳机用来做什么？自始至终有一件事可以确定就是：永远不要用耳机来做终混。粗略的混录时还尚且可以，但是最终而言，一个真实、开放的场景设置才是通往优秀混录的途径。然而，耳机也是声音设计硬件设备的整体配置当中的一个必要组成部分。不必多说，一副好的耳机在耐用程度和信号产生方面都大有作用。由于与耳朵相似，耳机也许会同时揭露出一部作品的好坏两个方面。这儿的咔嗒声和那儿的砰一声都会通过一副好的耳机听得清清楚楚，因而也将可以得到纠正。在一个不够优质的监听系统中，你也许无法听到那些细微的咔嗒声和爆裂声。另一方面，由于相对便宜的元件，使得监听系统可能无法精准地还原低音，这将使你在使用一副好耳机时牙齿打战，并且如果最终的输出为一个优秀的音频系统，那么你就可以确定这些声音在还音时将不够准确。问题的根源在于这样一个事实：通过耳机还音时，低频可能功率过大，这在很多时候会导致在实际空间的监听中还放时混录得较小的情况发生。

那些为游戏创作音效或音乐的人要考虑玩家会在玩耍时使用耳机的可能性。很多游戏的声音配置现在已经调整到适应于玩家所使用音频系统的类型。例如，在某个游戏中也许会有一个下拉菜单来显示你在音频配置上所拥有的选项。游戏"太平洋飞将"就有这样一个菜单（见图 2 - 24）。

廉价的耳机听上去效果会不好。一般来说低于 50 美元买不到一副好的耳机，普通的耳机将花费 75 美元至 250 美元或者更多。差别是显而易见的，当你买了一副耳机，请注意它的频率范围，低频至 15 ~ 20Hz 左右、高频至 22 ~ 35kHz 左右的任意一款都是足够的。无论在商店还是互联网上，毫无疑问你都可以找到一副好的耳机。

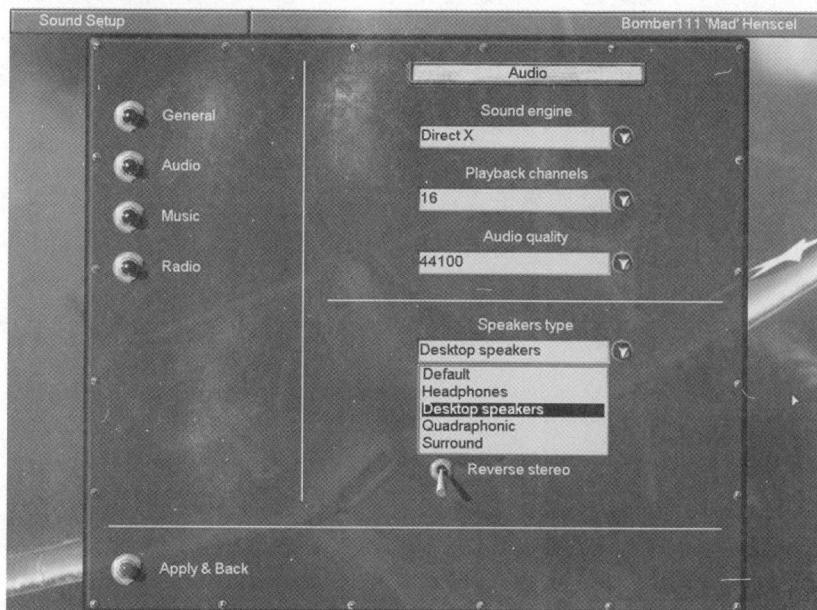

图|2 - 24|

游戏"太平洋飞将"中音频配置菜单的下拉菜单图示

电缆

现在，我们有必要快速地了解一下信号是如何从设备的输入端传输到输出端的。在模拟系统中，电缆用来将设备和组件连接到一起。信号通过这些电缆传输，并且朝一个方向传输。有好的电缆也有差的电缆，差别在于线本身和接驳器的质量。

电缆的种类

电缆分为两种类型：平衡和非平衡。理解这两者之间的差异对一个好的声音作品来说是至关重要的。

非平衡电缆

信号流程中的很多阶段都引入了噪声，但是最常见的一种噪声来源就是电缆。当信号在传输时，比如通过一根电缆从传声器到录音机，噪声可能会沿着信号路径累积增加，也许会对最终输出的声音产生破坏性的作用。非平衡电缆由两根传导线组成，一根是火线（＋），用来传输信号；另一根是地线（－）。火线和地线都被绝缘层包裹，地线也被称为"屏蔽"线。基本上，地线将电缆接地并且阻止将噪声引入通过火线传输的信号，这对短的电缆和非专业的工作来说特别有用。问题在于对于长的电缆来说它不能十分有效地将噪声排除在外，因此噪声随着电缆的长度而增加。**系统的信噪比**（SNR）将决定听到的噪声大小，但是如果你在录音中听到了噪声，那么电缆也许出了问题，特别是如果它们是非平衡的。信噪比是信号强度相比背景噪声的一种测量，这种比率较为典型的是以分贝来衡量。信噪比与系统的动态范围相关，除了高于噪声电平的较高信噪比的大小，通常已经由调音台的设定所决定了上限。

图|2－25|

非平衡电缆的剖面图

如何识别一根非平衡的电缆？任何用于音频的单针连接器都是非平衡的，但是三针的 XLR 也可以是非平衡的。

由于没有任何东西内置于电缆中防止噪声引入系统，非平衡的电缆当然会带来一定量的噪声。如果你的系统和钱包能够适应的话，使用平衡电缆是这个问题的解决方法。

平衡电缆

平衡电缆由三根传导线组成：火线（＋）、零线（－）和地线。火线和零线传输信号而地线接地。使用非平衡电缆时，当一台 AC 供电的设备的地线连接到另一台时，我们就会听到一种嗡嗡声，也就是大家所知道的接地回路。为了消除这种嗡嗡声，必须在信号到达第二台设备之前截断地线，但是在非平衡电缆中，地线也同样传输信号，因而不能被截断。

图 2 – 26

平衡电缆的剖面图

　　平衡电缆则允许你较早地截断地线而不会干扰到信号，由此消除嗡嗡声。如果你的还音中仍然带入了噪声，那么请依次检查你的设备。同时，火线和零线分别传输着与彼此反相的信号，因而抵消了所有可能产生的噪声。零线与火线是 180°反相的。噪声可以在录音过程中的很多阶段被引入，包括无线电频率、电缆和其他连接在这条通路上的硬件设备，这种噪声是在火线和零线反相时引入的。在输入阶段，音频信号被同相的放回原处，这样使得引入的噪声变为反相并且被抵消。相当干净，是吧！

　　特别是在使用长电缆时，你所选择的电缆种类非常重要。很多时候平衡电缆用于专业的配置，而非平衡电缆则用于非专业的场合。

连接器

　　电缆的种类有许多，但是用于音频硬件和应用程序的标准连接器设计却只有几种。

非平衡的连接器

1/4 英寸和 1/8 英寸的耳机插头用于许多设备，通常作为头戴式耳机的插头。如果耳机不是专业级的，则通常使用 1/8 英寸的转换头，专业耳机使用 1/4 英寸的插头。转换头的末端是火线，套管部分则是地线。

1/8 英寸的插头和 1/4 英寸的插头比较相似但是较小。较小的转换头经常用于便携式 CD、MP3 播放器以及声卡的前后面板。有些较高端的声卡则例外，但是一般来说它们都具备 1/8 英寸的接口。

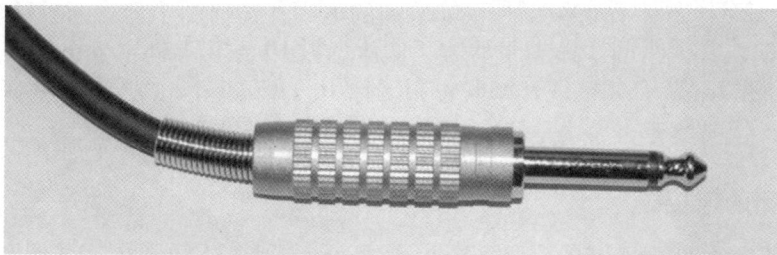

图 2 – 27

具有末端和套管的 1/4 英寸转换头

图|2 - 28|

1/8 英寸转换头

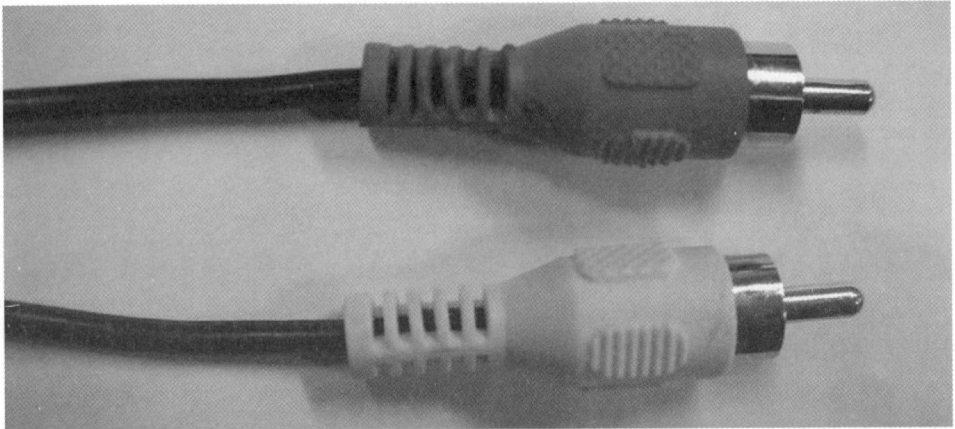

图|2 - 29|

具有末端和套管传导线的 RCA 拾音插头

　　RCA 拾音插头同样也是非平衡并且在很多 Hi - Fi 系统中可以见到。这是一种标准的电视/音频电缆，同时也用于声卡，但是只限于那些对声卡有更高要求的音频消费者。火线是转换头的末端，周围的套管则是地线。

平衡的连接器

　　1/4 英寸 TRS 耳机插头除了在套管上有一个额外的环代表中性线以外，它与 1/4 英寸耳机插头非常相似。TRS 代表末端（tip）、环（ring）和套管（sleeve）（见图 2 - 30）。

专业的音频设备通常都具备 XLR 这种类型的输入或者输出端口。XLR 公头连接到设备的输入端并且在它的罩壳中具有凸出的三针。一针是地线，二针是火线，三针是零线。这些插头在专业录音室中随处可见（见图 2 - 31）。

除了在设计上有公母区别外，XLR 母头关于针的配置与公头相同。XLR 母头用于输出连接（见图 2 - 32）。

控制台

控制台是所有信号集合和离开的中央车站。这是声音进行混合和应用均衡效果的地方。如前文所提到的，信号将进入磁带录音机、进入监听或者进入磁带录音机然后输出到监听。

控制台或者说是调音台，有许多不同类型和规格，但是一般来说它们只不过是接收信号和将它们发送至监听或者**多轨录音机**的设备。这种意识可以缓解最初可能存在的对于使用控制台进行现场混音和录音的恐惧和误解。

一开始，控制台看上去也许会有点吓人，但是基本上每个**通道**都是做与它的功能相关的同一件事情：输入或者输出。通道中包括各种方式的效果、**发送**、**返回**、提高输入信号、均衡以及将信号输送至控制台的主母线。

每一部控制台都由通道组成，这些通道通往**母线**并且最终通向**主推子**，然后输出至多轨录音机或者监听。基本上这总结出了信号从传声器或是其他输入来源进入控制台时所经过的路径。

图 2 - 30
1/4 英寸 TRS 耳机插头的末端、套管和环

图 2 - 31
三针的 XLR 公头

图 2 - 32
三针嵌入式的 XLR 母头

这也叫作**信号流**。信号流是声音信号从它进入系统的那一刻（通常是传声器阶段）传输至系统的末端（一般为监听、功放或是多轨录音机）所通过的路径。这个信号的精确路径使得调音台能够控制哪种声音从系统中输出，并且某种程度上也控制了进入录音或是还音的噪声大小。

在开始研究信号流之前，我们首先应当讨论一下控制台的属性和特点及其相应的通道、母线和主推子。

调音台的类型

虽然普遍来说调音台的基本特征都是相同的，但是它在使用上仍有两种基本的类型：分立式调音台（split mixer）和整合式调音台（in－line mixer）。分立式调音台具有一定数量的通道用于输入以及一定数量的通道用于监听来自控制台的信号。整合式控制台则具有非常方便的选项用于切换通道的功能——通过规定它为输入通道或是监听通道。

一般来说有两个原因需要使用调音台：一种是为了声音加强和现场音频表现；另一种就是录音棚中的录音。现场音频调音台和录音调音台之间的差别就是增加了录音设备为组件，通常是一台多轨磁带录音机，添加到录音调音台上。这种**磁带返回**在信号的通路上信号输送去监听之前创造了一个额外的阶段，而现场音频设备则是一个单阶段的过程，信号在那里由调音台发送至监听而不包括录音的方面。

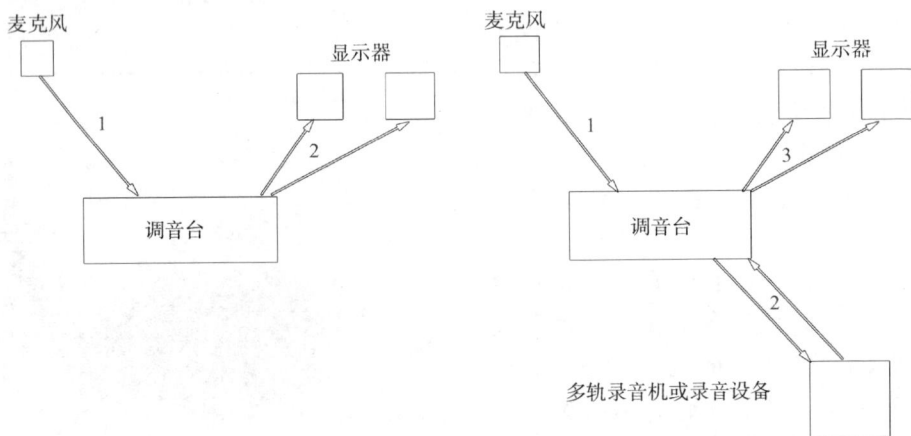

图 2-33

关于现场音频加强调音台和录音调音台的基本组成部分的一个简单图解

调音台的规格

调音台有各种各样的规格。较小的**有源调音台**，具有四到八路通道，它是一种更易于移动的设备，体积较小且没有很多输入口。这种控制台价格一般在 400 美元至 1500 美元，这个价格相对于它达到的整体混录功率来说是合理的。中档的控制台具有 8 到 16 路通道。这种调音台通常也有它自己的放大器，并且用于不是很复杂的混音工程。这是最常用的调音台，因为我们会需要一些额外的通道作为备份。许多公司（美奇、Tascam、雅马哈）都有标准的 16 轨调音台。中低端控制台的价格范围为 1000 美元至 2500 美元。当然也有其他的一些需要花费好几千美元，但是就我们的需要而言，只需一个普通的调音台即可。

无源调音台具有从 8 路到 40 路甚至更多的通道数，这些通道使得它需要一个外部的放大器来提高它们的功率。无源调音台常用于专业录音棚并且价格从 400 美元至1000000美元不等。开始省钱吧！

所有的控制台都列出了一个数据表示可用的通道数、可用的母线数和可用的主推子的数量。这些数据看上去通常就像 16 × 4 × 2 或者 32 × 8 × 2，它分别表示了通道、母线和主推子。这是一个快速了解许多控制台的方法并且能够尽快地找到你想要的。

通道剖析

现在是时候开始讨论普通混音控制台的细节部分了。就像之前提到的，控制台基本上是通道的集合。每一路通道都有通往推子或是音量旋钮的某种处理的安排。图 2 – 35 展示了一种基本的通道。

增益

通道的顶部有一

图 2 – 34

美奇 1604 调音台

图 2 – 35

调音台上的一路单一通道

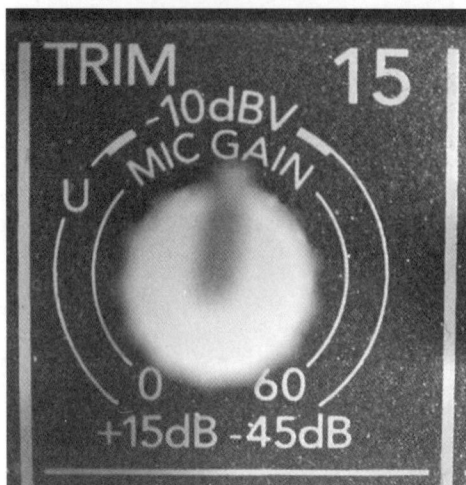

图 2-36

典型调音台的增益旋钮

个**增益**阶段。增益也被称为修整或是衰减，它是调整和设置输入电平的地方，因而进入那一轨的整个信号不会被损坏或是产生失真。通常的做法会指定某位或某几位艺术家来演出节目中最响的那部分，因此你可以获得最实的信号进入控制台。当你有最实的信号被指示为峰值电平蹿红时，或是 VU 表指针推到极右至红色区域时，那么你就应该调低一点然后再开始。

辅助输出

辅助旋钮用于将信号发送至一台外部设备，例如混响器，然后，通常会返回至控制台然后继续沿通道往下，这使得模拟的效果得以加入到信号中。一些调音台的辅助输出也叫作**选听**、**返送**、**发送**、**监听**或者**效果**，在均衡部分的下面。图 2-37 的例子中是在 EQ 阶段上方的辅助输出。

均衡（EQ）

通道的均衡部分组成了可以对声音的特征进行调整的区域。现在很多人在一开始就过多使用 EQ，但是在有一些经验之后你就会意识到 EQ 通常都留到最后再使用。很多时候，声音的特征可以通过话筒的摆放、演员靠近及诸如此类的方法来得到提升。

当需要使用 EQ 时，通常在控制台上会有一组旋钮来进行相应的处理。它们基本上分为高、中、低频，覆盖了人类听觉的可闻范围。图 2-38 中给出了 EQ 旋钮频率覆盖的一个实例。

添加 EQ 的艺术需要大量的尝试和失败。了解对 EQ 的分配能够帮助你在混录中更好地把握平衡。

图 2-37

通道的辅助输出部分

EQ 和人类听觉范围

EQ 覆盖了人类听觉的范围，这个范围可以被划分为具有一般性特征的不同区域（见表 2 - 2）。

我们应当记住具体的频率范围。总的来说，它们在使用 EQ 和进行录音时非常重要（见表 2 - 3）。

EQ 的种类

EQ 有三种类型：图示均衡器、参数均衡器和参数图示均衡器。图示均衡器允许你通过操作一个包络的图形来改变一个声音的频率强度。参数均衡器具有一组滤波器，因而能够对频率的提升进行具体的选择。参数图示均衡器也同样允许对频率范围分段进行操作，以及使用带通滤波器控制在录音过程中的高频和低频量。

推子

一旦信号结束了它的路径到达通道的底部，它就来到了推子或是音量旋钮，这就是输入信号被再一次调整的地方。信号电平通常在增益阶段被设定，但是也可能在推子处进行调整，这种设置应用于录音调音台。如果在声音加强的调音台如此设计，推子将控制输出音量。在这两种情况中，信号通常被发送至控制台的副母线。这是另外一组推子，来自激活通道的所有信号在这里集合。这些通常被称为母线。

图 2 - 38

通道上标明了频率范围的 EQ 部分

表 2 - 2　在人类听觉范围内划分的基本 EQ 频段

频率	特征描述	范围
20Hz	次低音，在高音量时具有破坏性	低
40Hz	厚重	低
70Hz	饱满且模糊	低
200Hz	温暖和透明	中
500	刺耳且直接	中
2kHz	清晰且具有穿透力	中
5kHz	明亮且轻柔，但是具有力量	高
10kHz	响亮且具穿透力	高
20kHz	咝声以及模糊的音调	高

表 2 - 3　当在混录中应用 EQ 时必须考虑的频率范围

频率范围	描　述
50Hz - 70Hz	能够感觉到后坐力的低频范围，特别是低音鼓
90Hz - 250Hz	这是清晰度问题出现的频段，或者用来改善较差的中频录音
250Hz - 500Hz	能够改善较薄或是较小的声音。如果适当的应用能增加声音的温暖度
500Hz - 2kHz	这个通常是需要注意的临界频段。如果声音刺耳则需要减少这些频率
2kHz - 5kHz	这是耳朵最敏感的区域。有时候需要进行一些细微的调整，但是无须大幅度的变动
5kHz - 10kHz	这是决定一个声音明亮度的区域；也是咝声存在的区域
10kHz - 17kHz	这个频段包括了所有的谐波及相应的声音素材。消减它将会除去咝声和其他不想要的高频噪声

通道

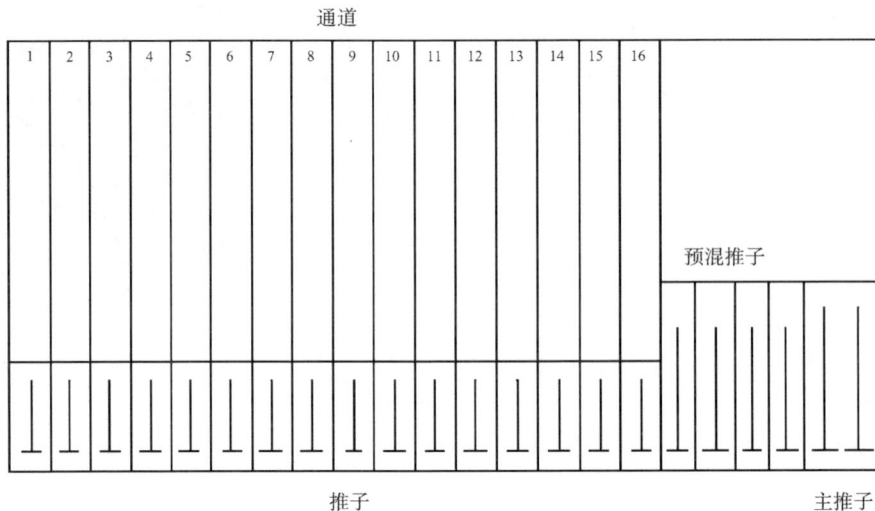

图 | 2 - 39 |

具有两个主推子的 16 通道、4 条母线的控制台

　　母线有许多不同类型的配置。较小的调音台具有两到四条母线；较大的控制台会有八条甚至更多。母线主要用于输出到监听，或是作为被送至主推子之前的预混阶段。

　　主推子是信号在离开控制台之前的最后一站，无论它将继续去监听音箱还是多轨录音机。

　　很多人都说学习混音的唯一方法就是去做大量的混录工作。为你自己准备一部小控制台，然后开始摆弄它吧。拿来创作中的一些多轨素材的段落然后开始实验混音吧！尝试录制多话筒输入，然后进行现场混音送至监听音箱。有创意一点儿！

信号流

我们最后回到信号流。信号流的路径开始于输入阶段，通常是传声器。一旦一个声源进入了传声器，电信号沿着电缆传输进入控制台的输入部分。但是应当注意这只是一个信号所经路径的一般性描述。在信号到达控制台之前，连接在电缆线上各种设备也许会增强信号或是表现出对信号产生作用的其他功能，但我们只是假设信号将通过某种电缆线的配置由话筒传送至调音台。

然后信号就到达了增益阶段，在这里信号继续传输，通过辅助输出并且被送出和返回，然后信号被送至 EQ 并且最终到达推子。在声音增强的设备中，从推子开始，信号被发送至一条特殊的初混母线，之后信号传输到主推子输出至监听音箱。在使用多轨录音机或是数字磁带录音机的情况中，信号将被送至录音设备，然后返送回调音台，最后再输出到监听音箱（图 2 – 40 和 2 –41）。

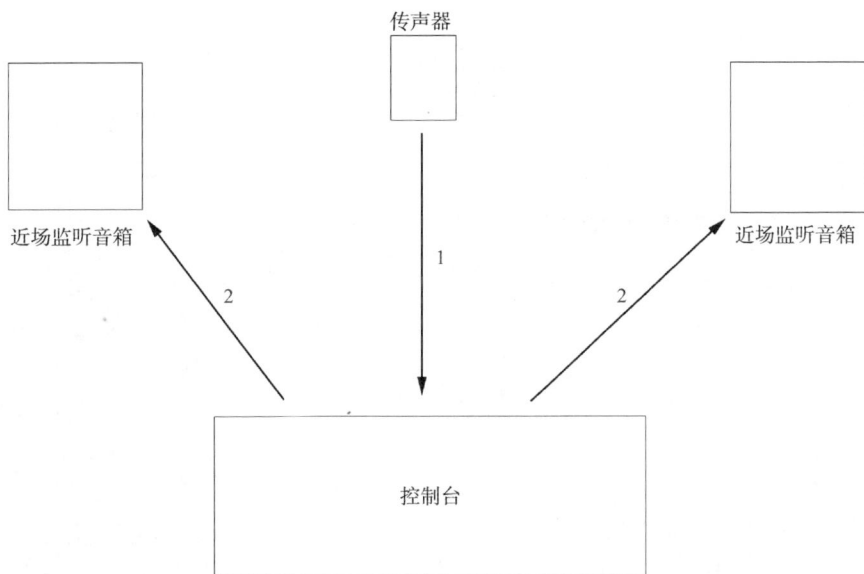

图 | 2 –40 |

在声音加强的设置中，直接从传声器到监听音箱的信号流

传声器

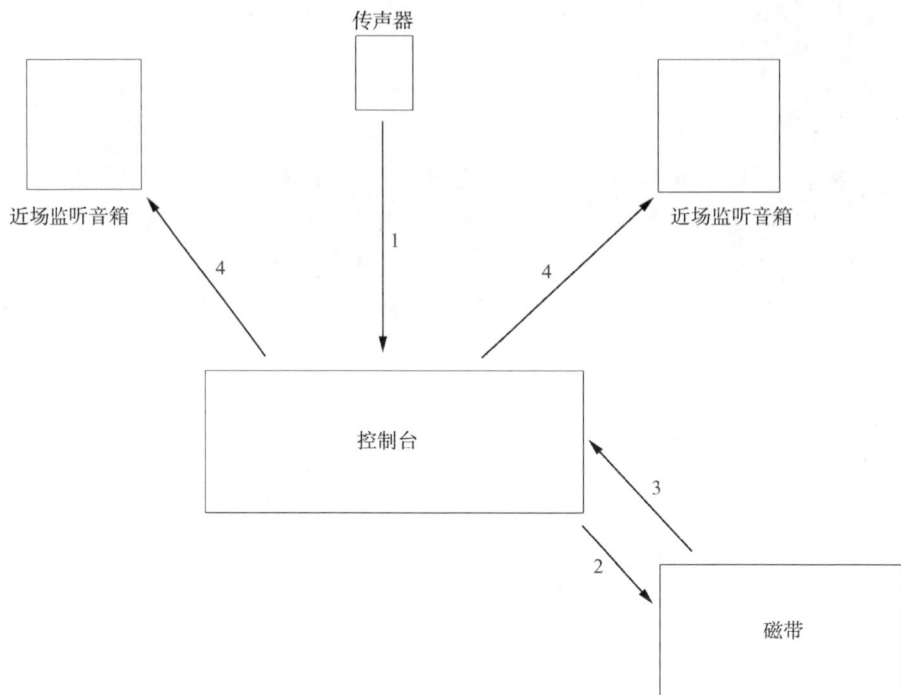

近场监听音箱

控制台

近场监听音箱

磁带

图 2-41

录音调音台的两个阶段的过程。信号流从传声器到控制台到磁带，再返回至控制台，然后离开控制台去监听音箱

关于控制台的最终点评

关于控制台的最后一个需要被提及的按钮是在通道的顶部，这个按钮有时被称为**垫整衰减**，这个按钮在保护你的设备和避免录音中的失真上起到了主要作用。如果有一个很小的信号，比如那些通常由不同类型的话筒所产生的信号，我们会使用增益来提高信号电平，这样来确保输入电平高于系统中的任何固有噪声或是本底噪声。但是，当信号是直接来源于键盘时，会怎么样？并且信号非常大，即使增益已经调至很低又会怎么样？

这就是垫整衰减应该介入的地方。垫整衰减通常被设置成在输入信号上降低 20dB，因为允许一个非常大的信号进入控制台后被调整至一个合适的电平。这是对声音设计师或是任何录音工程师来说非常有用的一种工具，这都归结于它对直接输入的乐器或是其他直接输入的设备在录音上的衰减量。

控制台是整套设备的心脏和大脑。好好学习它，因为它将在很大程度上改进你的声音工作。

效果和信号处理

各种不同的效果和处理手段可以被应用于信号。实际上，如果数字效果也包括在内的话有数千种效果，但是为了使大家对用于提高和改变声音的一些最常用的声音设备有所认识，下面作出了带有简短说明的介绍。这些效果和处理的实施往往同时存在硬件和软件的解决方案。

延时

延时是对一个单一来源信号的重复。原始信号和延时信号之间的距离可以改变。延时以毫秒来衡量，最小延时应当是大约 10～20 毫秒，而最大的延时，比较实际地说，上限应是 240～250 毫秒。

延时能够始终帮助改善声线，从而创造出这样一种印象——原始声音是产生在一个非常大的房间里，例如教堂。小心使用所有的效果，如果没有适当的监听，它们将有提高电平的趋势。

回声

回声就是你在非常大的具有反射面的空间中所听到的，想想亚利桑那州大峡谷。简单地说，回声就是对整个声音信号的衰减的重复。使用回声具有一种特有的效果，并且一般用于一些特定的场合。请明智地使用它。

混响

我们可以将混响看作是一组重叠在一起的回声。这种信号的重叠产生了一种最终衰减至零的持续的声音。混响经常使对白声变得更甜美，或是令人们产生一种印象——声音是在一个听觉上具有混响的房间中。音乐厅通常具有大概 1.5～2.5 秒长的衰减，较小的大厅则通常有 1～1.5 秒的混响时间。

时刻记住混响的产生同时和反射面的材质有关系。**预延时**就是一种模仿在混响开始之前反射面如何反射的设置。通常预延时大约是 50～100 毫秒，并且它增加了更多混响的特性。

合唱

合唱效果包括原始信号并且略微延迟了信号。所有的这些声音都可以同时听到，产生了一个坚实而浑厚的声音，想象一下，一段连续音符的真正的人声合唱。不是每一个歌手都会在同一时间和其他的人唱完全同一个音高。当合唱应用于弦乐部分的时候具有非常令人信服的效果。利用各种乐器和声音来试验一下这种效果吧。

变调/变频

将一个声音变调或是变频将提高或是降低它的整体频率。这种效果一般是针对乐器的声音，但是也可以应用到无音调的音效上来。依照不同的调整，变调或是变频可以有不同的效果。在某个时候，如果音调被调到很低，文件的长度将在原始声的长度中起到主要作用。注意看看在你使用的软件包中是否有一些可行的解决方法。

压缩器/限制器

当一个信号具有较大的动态范围时，有时候我们有必要在没有较多的降低或者改变录音中较高电平的情况下提高较低的电平。压缩器可以完成这项工作。压缩器有效地将较低电平提升至一个基于较高电平信号的更普遍的输出电平。电台插播节目、舞曲、流行音乐等，往往需要一台压缩器来将整个音轨提升至一个可接受的电平。古典音乐或是电影作曲使用压缩器将无益，因为动态上的细节在这些种类的音乐中是需要的。

限制器就像一个划分类别的障碍物，它将幅度提高至它的高度但是又不允许通过它。通常这些设备——压缩器和限制器，有很好的理由被划分为一类。

总结

这一章我们探索传声器、扬声器和调音台。传声器和扬声器的种类在对声音和音乐的录音和还音中起到了重要作用。控制台，目前为止所提到的最复杂的一种设备，事实上只是一条条紧挨彼此排布的通道的集合。一旦理解了通道，混录的过程便变得容易理解。信号通过的路径对理解调音台如何工作来说至关重要。

声音的模拟录音和还音，以及牵涉到的硬件将会需要一些实践来熟悉。迅速熟悉这些概念是迅速获得工程的高质量音频的关键。在听到一个客户说"音量太低了"或是"为什么那个声音比其他所有声音都大？"之后，你会很快学会如何完成一个初步的混录。你需要多长时间来获得一个不错的结果决定于你掌握信息的程度以及你在课后做了多少研究。

根据你的需要搜集关于你所感兴趣的主题的信息。寻找你所能找到的关于传声器、监听器和调音台的一切，并且给你自己准备一部设备。无论是作为一名声音设计师，还是作为一名普通的声音从业者，实践的工作对你来说都是非常有用的。

复　习

1. 动圈话筒和电容话筒之间的差别是什么?
2. 什么是幻象供电?
3. 在调音台上辅助输出/发送是用来干什么的?
4. 平衡电缆和非平衡电缆之间的差别是什么?
5. 话筒以及监听音箱的频率响应的定义是什么?

第三章

数字音频的基本原理

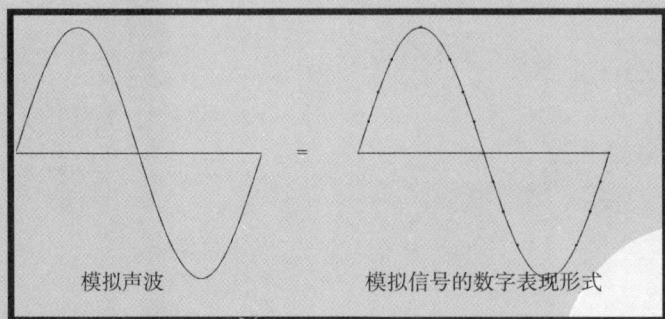

模拟声波　　　　　　　模拟信号的数字表现形式

目标

数字音频的概念

数字音频误差的种类

数字音频的录音和还音过程

介绍

这一章讨论了数字音频理论的基本概念，并且对典型的误差及这些误差的解决方案作出了相应的解释。将数字录音和还音过程作为形成数字信号路径的独立组成部分进行了回顾。

数字音频的基本原理

模拟和数字

关于模拟和数字音频存在着非常大的争论，这种争论主要包括这两者之间在美学上的差异。一些人说模拟的声音更好，即使那些典型的磁带噪声出现在录音中；另一些人则说由于音频的清晰度，数字声音更好，这要归结于数字化的过程带来的低本底噪声。这种争论是无意义的，因为人们会想要听到他们想听的，并且喜欢他们所喜欢的。模拟和数字音频之间是存在着一些差异，但是没有哪种比另一种好或者不好，它们只不过是不同而已。

数字音频是将模拟信号转换成一种能够被电脑分解和"消化"的形式。电脑喜欢的"食物"就是数据。离散数据是任何数字系统的根本，是数字音频的基本组成部分。

模拟声，字面意思是"和……相同"或是"和……相似"，它不是基于离散数据而是被录制为一个连续的声音活动，通常是在磁性的录音带上。模拟信号是原始声源的精确复制品。当然，录音中有噪声被引入，这并非存在于声源本身之中，但仍然是模拟录音中的一部分。无论哪种方式，整个信号都被"捕捉"到磁带上，并且如果不存在录音中出现的本底噪声或是自然中的固有噪声，信号将以原始状态得到还原。如果你使用数字设备来录制同样的信号，录制的信号将不会像模拟方式那样连续。数字系统的录音过程在模拟信号进入系统时对它进行"快照"，这些快照被称为采样。以某种速率出现时，这种采样能够令耳朵产生一种印象，认为你所听到的声音是一个连续的信号，但从技术上来说，它没有在任何方面接近一个连续信号。在数字的转化过程当中有一定量的原始信号没有被转换，你的耳朵有时候听不出这种差别，有时候却可以。这一切全都决定于重组模拟信号的可用的二进制数据量以及每秒钟进行快照的次数。

今天的数字音频

由于以下几个原因，你要十分关注数字音频：大多数时间你将通过软件和硬件使用数字音频创作、录制和处理你的声音工作；与购买模拟设备相比，初步的花费相对较低。另一个令你花大量时间在数字音频技术上的最重要的原因是，模拟录音就编辑和录音来说已经逐渐过时。使用哪种方式更好也略微有些争论，在对两种方式都有一定经验之后你将可以自己决定。你总会需要扬声器和传声器，但是控制台可以完全由数字调音台替换。同时，两种方式都去实践吧。

今天，几乎所有的声音设计师都在数字舞台上工作。就像第二章谈到的，很多录音棚内专业音乐录音的录制都是通过调音台到磁带上，无论是 24 轨还是 1/4 英寸磁带上。通常，这种录音在 DAW（数字音频工作站）中数字化、处理和编辑，然后被送回磁带或是送到一个存储媒介上，例如硬盘。

声音影响录音，然而，录音却直接在硬盘或是 DAT 带上完成。模拟和数字的处理同时都在使用，但是也在发生改变。你的任务就是找到模拟和数字的完美平衡来适应你的工作流程。也许你需要去试验，但是得到的这种认识最终是无价的。

理解数字音频中的概念和理论不仅能让你更有效地使用你的设备工作，而且它将令声音设计的一些最先进和令人激动的方面变得清晰。本章非常值得你去花时间理解并且尽力去寻找关于这个内容的所有资源，以便更好地了解你的行业。

在进入到数字音频的具体内容之前，我们有必要了解一些数学知识，或者说是电脑的"食物"，以便理解电脑如何处理那些与音频相关的数据。

二进制数据

我们的日常生活充满了各种数字系统。有时候我们通过数字传达的各种信号与这个世界联系着——路标、温度、价格等。最经常使用的数字系统就是十进制的系统，十进制系统是由 0 到 9 的数字组成。我们认为十进制系统也许源于我们具有十个手指或是脚趾。一般来说，我们习惯从 1 数到 10 而不是从 0 数到 9。10 基数系统（base 10 system）使用从 0 到 9 的 10 个数字来表示系统中的所有数字，任何数字都可以配置为这个系统中数字的组合。十进制系统是一种 10 基数系统。数字是从 0 到 9 这 10 个分离的数字，但是我们是从 1 数到 10。十进制系统中的零具有一个值！有时候将零看作具体的值是一件很奇怪的事情，因为我们一直被教育的是零等同于没有。但在这里，数字 0 等于第一个数值，以此类推。

图 3-1

十进制数字及其
相应的数值

数值	1	2	3	4	5	6	7	8	9	10
十进制数	0	1	2	3	4	5	6	7	8	9

音乐家们可能比较熟悉另一种类型的数字系统，比对十进制要熟悉得多，虽然十进制系统的数字被用来表示这种系统。六十进制系统是用于计量时间的系统。每 60 秒钟开始另一分钟，每 60 分钟开始另一个小时。六十进制也同样被用于计量地理上的度数：0° 到 360° 为一圈。如前面谈到的，处理时间和对时间方面考虑的人对六十进制很熟悉，就像任何每天看手表读时间的人。

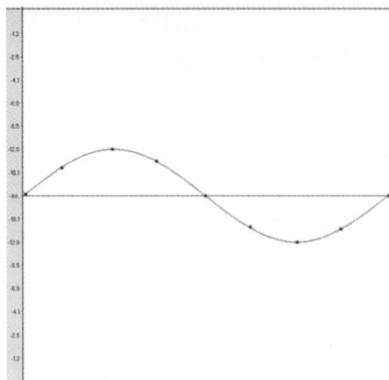

图 3－2

沿着 x 轴定位的采样

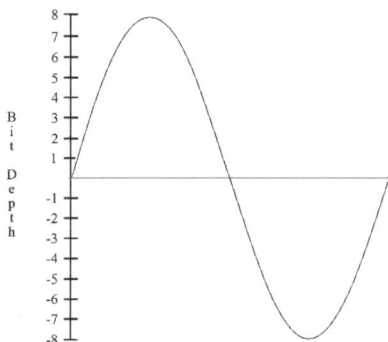

图 3－3

以 y 轴计量的比特深度

电脑仅依靠处理两个数值来进行运算：0和1。如果电脑使用十进制系统来进行计算，运算过程将十分巨大并且将需要极大的记忆量来存储巨大的数据。电脑使用的这两个数值称为二进制值，它们构成了二进制系统。每台电脑的运算都使用这种系统。就像在十进制系统中一样，二进制系统也可以仅仅使用 0 和 1 来表示任何数字。

二进制系统使用少量的数位表示非常大的数字，无论它们是否是十进制的数字。这相当有趣，因为最终的目标是为了将模拟信号转换为二进制的表示法。

简单地说，声波的形状进入到一个系统，经过一条电路产生了与输入电压相应的数字，这种电压是对幅度的测量。另一种思考振幅的方法就是将它看作由电压来表示的声音所蕴含的能量。

数字化处理

对输入模拟信号的强度进行编码需要两种特殊的处理：一种是暂停瞬间，另一种是对暂停位置的强度进行测量且将之转换为一个数字。数字化处理包括对用来表示模拟波形的时间、强度或者幅度等方面的离散二进制值的两种不同设置。第一种设置代表取样发生时在时间上的位置，这被称为采样。你可以将采样看作是一小段录音，不过人们经常认为这是对模拟信号的一种快照，为了将其视觉化，将这些采样表示在 x 轴上。

第二种对数值的设置代表量化，或者说是与幅度组成相等的比特深度。比特深度通过 y 轴计量和形象化，并且与用来表示某点采样的动态值或者强度的二进制数字的大小有关。采样离中心线越远，对幅度编码所需要的二进制数字就越高。

量化数字越大，可以用来表示强度的数据信息就越多，因而产生了更高的清晰度。

比特、字节和半字节

能够让电脑工作的数据信息的最小量就是比特，比特来源于合成词"bi-nary digit"（二进制位）。比特可以是两个二进制数字当中的任何一个，你所拥有的比特越多，可用的数据信息也就越多。比特能够表示任何布尔代数的结构，从关（0）到开（1）、从非（0）到是（1）以及介于这之间的任何东西。布尔代数是应用于处理和结合二进制信号的方法。这种布尔代数用于数字音频包以及其他很多电子和软件设备。

注释

布尔运算要归功于一个叫作乔治·布尔（1815—1864）的英国数学家。1854年，他出版了一本著作名为《思维规律》（该书全名原文的直译为"思维规律调查—逻辑和概率的数学理论所在"，译者注）。最初的布尔代数被称为"逻辑运算"。布尔逻辑为数字元件的所有程序提供了作选择的结果，此外，它带来了互动。通过使用布尔与、或、非的基本定义，我们能够通过持续的缩小选择范围来迅速地在一个巨大的数据量中进行搜索。据说乔治·布尔在三年级后就没有继续接受正规教育。

比特深度通过可用的二进制数的空位来衡量。也就是说，如果打算使用两个二进制数字来表示任意一点的幅度，我们就可以说这个比特深度设置为2。一个2比特的设置可以产生4个用来表示幅度的离散数字。

注意0是一个离散的数字，因此可以允许总数从0到3，或是4个可数的数值。这很重要，因为即使是满值的二进制字段11，也只是等于十进制中的数字3，它被看作是一个2–bit系统中的第4个离散的数值。

一组比特被称为一个字段或是比特字段。用户给出的比特深度决定了字段的长度。8–bit的组成配置被称为一个8–bit字段。

在一个3–bit系统中，有8个离散的数值，但是这在十进制中对应于从0到7。

仔细比较2–bit系统和3–bit系统会发现一些有趣的内容。在2–bit系统中，4个数值表示十进制数值中的0到3，而在3–bit系统中，有8个数值对应十进制中的0到7。在2–bit的配置上增加1比特的信息将有效地使用于表示输入振幅的离散数值加倍。

表3–1　2–bit数值比较

二进制数字	对应的十进制数字	0作为一个数值时，对应的十进制数字
00	1	0
01	2	1
10	3	2
11	4	3

表 3 – 2   3 – bit 数值比较

二进制数字	对应的十进制数字	0 作为一个数值时，对应的十进制数字
000	1	0
001	2	1
010	3	2
011	4	3
100	5	4
101	6	5
110	7	6
111	8	7

因此，在 2 – bit 字段上增加 1 比特的信息绝不是提供比 2 – bit 系统多三分之一的有用信息。实际上，我们已经加倍了表示强度的有用信息量。

在任何字段长度上增加 1 比特信息就加倍了用于等效转换输入电压的可用数据量。

表 3 – 3 是一张十进制中等值的列表，其相应的比特深度高达 16bit，以及常见的 24 – bit 和 32 – bit 的等值。

表 3 – 3   比特深度的十进制等值

二进制数字	等值的十进制数字	当 0 作为一个值时，等值的十进制数字
0000000000000001	1	0
0000000000000011	2	1
0000000000000111	4	3
0000000000001111	8	7
0000000000011111	16	15
0000000000111111	32	31
0000000001111111	64	63
0000000011111111	128	127
0000000111111111	256	255
0000001111111111	512	511
0000011111111111	1024	1023
0000111111111111	2048	2047
0001111111111111	4096	4095
0011111111111111	8192	8191
0111111111111111	16384	16383
1111111111111111	32768	32767
111111111111111111111111	16777216	16777215
11111111111111111111111111111111	8589934592	8589934591

　　一个 8 – bit 的组称为一个字节。电脑通常使用 8 – bit 的数据块来工作，并且 8 – bit 的字段长度经常是常见的最低标准。在电脑语言的背景下，对你来说数字 256、512 和 1024 可能看上去很眼熟。就像其他许多与电脑相关的参数一样，随机存储器也以字节来衡量。常见的基本数字就是 8。

　　字节量的使用贯穿了整个数字领域。

表 3 – 4　贯穿数字领域范围内的各种字节值

名称	缩写	大小
Kilo	K	1024
Mega	M	1048576
Giga	G	1073741824
Tera	T	1099511627776
Peta	P	1125899906842624
Exa	E	1152921504606846976
Zetta	Z	1180591620717411303424
Yotta	Y	1208925819614629174706176

　　一个 8 – bit 的字段包含 256 个离散的数字，对应十进制中的 0 到 255。在数字音频中经常称二进制字段的数字为"阶"，这种称呼习惯来自于当模拟信号被量化时所产生的视觉上的阶梯式运动。

　　由于系统中的数值增加，音频的分辨率也同样增加，更高的分辨率产生了听上去更佳的音频。8 – bit 系统被认为是低比特分辨率。如果比特深度低，音频质量就会受损。8 – bit 录音所产生的声音，也就是使用 256 个值来表示所有输入幅度的数字录音，听上去有刮擦声、嘈杂，并且很多地方有信号丢失。这是由再造原始模拟信号的强度时，"选项"中可用的有限的数字。采样率以及它对整个音频分辨率的影响也起了重要作用，但是不像比特深度对还音分辨率那样重要。

　　更高的分辨率，比如 16 – bit，产生了高得多的音频清晰度。每增加 1 比特，分辨率便加倍。16 – bit 录音的价值不是 8 – bit 录音的 2 倍，9 – bit 录音才是 8 – bit 录音的 2 倍。

　　16 – bit 系统中有 65536 阶，这是相当高的。这是用于 CD 录音的标准比特深度。在这种分辨率下，人耳一般听不出由比特深度分辨率所带来的人工痕迹。也许录音中有一些被引入的声音的人为痕迹，但不是由比特深度所引起的。

　　在比特深度分辨率和什么可感知而什么不可感知上有一些争论。就像前文谈到的，16 – bit 是在比特深度上的国际 CD 质量标准，但是在今天的音频领域，有更高的比特深度在广泛使用着。

24 – bit 录音已经十分普遍（注意 8 再一次成为公分母）。24 – bit 系统中有 16777216 阶，那是相当大的阶数用来表示声源的动态内容，也许过于大了，此方面存在争议。你能自己作决定的唯一方法就是一个挨一个的去听那两段以 16 – bit 和 24 – bit 分辨率录制的相同的录音。

编号比特

通常比特被形象化为一系列从右往左读取的盒子。第一个盒子就是第一个比特并且具有 1 的值，左边的下一个盒子就是第二个比特，具有 2 的值。随着往左移动，增加每一比特的数字加倍。

数值	1	2	3	4	5	6	7	8
十进制值	0	1	2	3	4	5	6	7
每比特最高强度等级（十进制）	1	2	4	8	16	32	64	128
二进制值	1	1	1	1	1	1	1	1

图 3 – 4

8 – bit 的形象化表示

图 3 – 4 表示的是一个满值的字段。注意二进制的盒子中全部填满了 1，这表示相应比特中的数值是不计算的。如果盒子中有一些 0，与盒子相关的比特将不计算，因此使我们能够在比特深度限定的范围内表示所有的十进制值——理解为电压输入值更好。

比特深度	128	64	32	16	8	4	2	1	
二进制值	0	1	0	0	1	1	0	1	= 77

图 3 – 5

没有填满的 8 – bit 字段

你也许也注意到了，上面的满值 8 – bit 字段加到一起时等于 255。记住，这意味着 0 也是一个值。数字 255 实际上是 256 阶：0 到 255。

对二进制数字功能的基本认识将很大程度地提高你对数字音频处理的总体认识。

现在你了解了二进制数字以及它们与比特的关系，因此从采样和量化开始研究一些数字音频的具体内容是可行的。

采样和量化

在第一章里阐述了声音的两个基本方面就是频率和幅度。时间和强度就等同于频率，频率随着时间的推移而线性展开，振幅则是对由振动引起的分子位移的测量。相同的，数字音频中也有与之相对应的量。这就是采样和量化。

采样和量化这两种处理是数字化音频的最重要的方面。每一种都等同于一种二进制形式，以便在电脑中进行处理，但是采样和量化的具体功能到底是什么呢？

采样

采样是对输入声波进行快照的处理并且将它们存储为数据。采样是基于时间的。这可以看作是频率的相似体，因为它也可以视觉化在从左到右的时间线上。采样的另一个合适的类比就是拍摄电影。在美国，拍摄 35mm 胶片电影的帧率是每秒 24 帧（fps）。这是一个令我们的眼睛无法察觉胶片上所丢失画面的速率。如果我们降低这个帧率，我们将开始注意到这个画面看上去会跳或是忽动忽停。为什么呢？如果帧率更低，我们将会感觉每帧之间的画面丢失。现在将帧看作是采样。每一个瞬时的画面跟随着另一个，并且被很小的空间分割开。采样以完全相同的方式工作，除了它们所具有的是输入声音信号的强度数据。当采样率较低时，输出的分辨率也较差；较高的采样率产生较高质量的音频输出。

每秒钟所有的采样都是在离散的时间进行的，并且每秒钟采样的总数被称为采样率，采样率以赫兹来计量。但是，这并不是在声学讨论中使用的同一个赫兹。一个周期性模拟信号的频率由赫兹来计量，它表示一个振动体来回运动的次数，而采样率则表示采样的次数并且同样以赫兹来计量。不要将两者混为一谈！

理论上说，每一个采样互相之间是等距的，这也意味着在每个采样之间具有等量的空间，这种距离被称为采样周期。

表 3 – 5   频率和采样率的比较

以赫兹计量的采样率的表示	
每秒 1000 下振动	1000Hz 信号频率
每秒 1000 个采样	1000Hz 采样率
每秒 44100 个采样	44100Hz 或 44.1kHz 采样率

　　1000Hz 采样率将产生间距为 1/1000 秒的采样，或者说是一个采样周期等于 1/1000 秒。22050Hz 的采样率具有彼此之间相距 1/22050 秒的采样。这也许很难想象，因此最好是将它以某些形式形象化。采样率能够通过正弦波表示法较好地视觉化。图 3 – 6 中的左图是原始模拟信号，而右图则是具有原始信号图形为背景的被采样了的信号。每一个采样彼此之间都是等距的。采样率有意设置得比较低，以便使这个图中的采样能够被识别。

　　大部分的数字音频编辑软件包都允许你对录音的采样率进行设置。极低的采样率是不实际的并且在音乐和声音录音中没有实际用途，除非是为了作分析需要，但是我们将使用它们来令采样的处理尽可能清楚以便于理解。

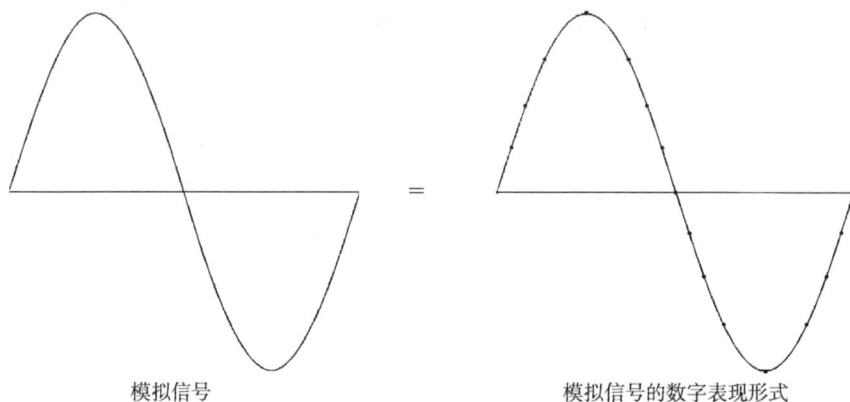

模拟信号　　　　　=　　　　　模拟信号的数字表现形式

图 3 – 6

模拟和数字的对应

红皮书标准

　　有一个特殊的采样率，是由管理标准委员会在光盘音频的标准建立时所决定的。这种标准将使所有的 CD 播放器都能够读取各类 CD 盘。

　　由此而得出的具体采样率就是 44100Hz。没有一个高于或者低于这个值的采样能够被商业的 CD 播放器读取。前面提到了 16 – bit 音频是比特深度或是量化的标准设置。合起来，单声道或是立体声的 16 - bit、44100 Hz 采样率被称为红皮书标准。为什么将 44100 Hz 设置为标准的采样率呢？

为了完全理解为什么将 44100 Hz 设为标准，我们必须重新提到人类的听觉范围。人类的听觉范围决定了人类能够听到 20 ～ 20000 Hz。这就意味着可辨识的最高音高为 20000 Hz，但是额外的 24100 Hz 呢？

采样定理

有个叫作奈奎斯特的人（此人在本书写作的时候仍然健在），他提出了一个关于采样音频的理论——采样定理。基本上采样定理的表述是：为了能够数字化地录制任意信号频率，你必须具有被录制的最高信号频率两倍高的采样率。采样率必须是两倍高的一部分理由是由于声音文件的两个极性面都需要被采样，而不仅仅只是其中一个。

图 3 - 7

为了准确的表示输入的模拟信号，两边都需要被采样

如果最高可闻频率为 20000 Hz，那么采样率就应当是 40000 Hz。那么为什么标准是 44100 Hz 呢？是的，就像拾取到可闻域的所有声音一样，将高于奈奎斯特限制的所有频率排除在外也同样重要。如果这些频率进入到系统中来，在奈奎斯特限制以上被转换，就产生了一种称为混叠的数字误差。在这种形式的误差中将会出现咔哒声和爆破声。混叠也被称为折叠，因为具有干扰性的较高频率会被"折"回原始录音中成为混叠频率（图 3 - 8 和图 3 - 9）。

回到这个问题，为什么采样率标准是 44100 Hz？为了对付混叠效应，必须引入滤波器。这种滤波器被称为低通滤波器或是抗混叠滤波器，理论上只允许低于奈奎斯特限制的频率通过，由采样率设置。然而，在某个设定值切除掉高于奈奎斯特限制的频率是不可能的。在限制以上必须具有一些空间让滤波器能够适当地发挥作用。这种在截止频率上衰减的斜坡——在这个例子中是 20000 Hz，扩展了额外的 2050 Hz。然后如果我们将 22050 Hz 翻倍，便得到了红皮书标准中的 44100 Hz 采样率（图 3 - 10）。

如果你要为大众创作声音和音乐，记住红皮书标准是个好选择。如果你的设置无法达到这个标准，你的所有工作将只能通过你的电脑播放。

未来将以 DVD 作为标准传播媒介的类型。DVD 具有略微不同的还音速

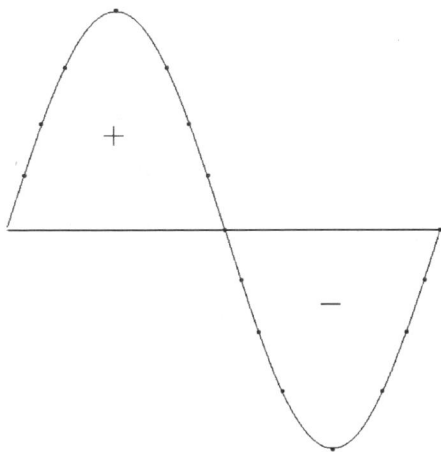

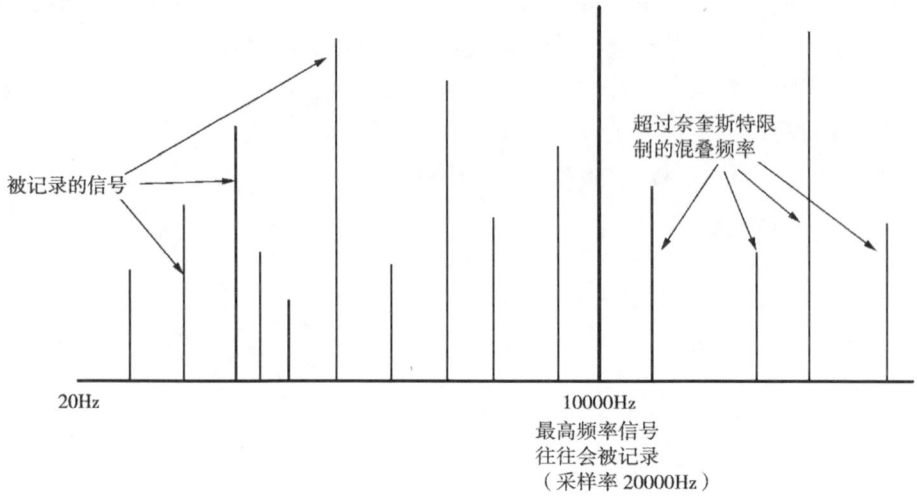

被记录的信号

超过奈奎斯特限
制的混叠频率

20Hz   10000Hz

最高频率信号
往往会被记录
（采样率 20000Hz）

图 3 - 8

混叠频率

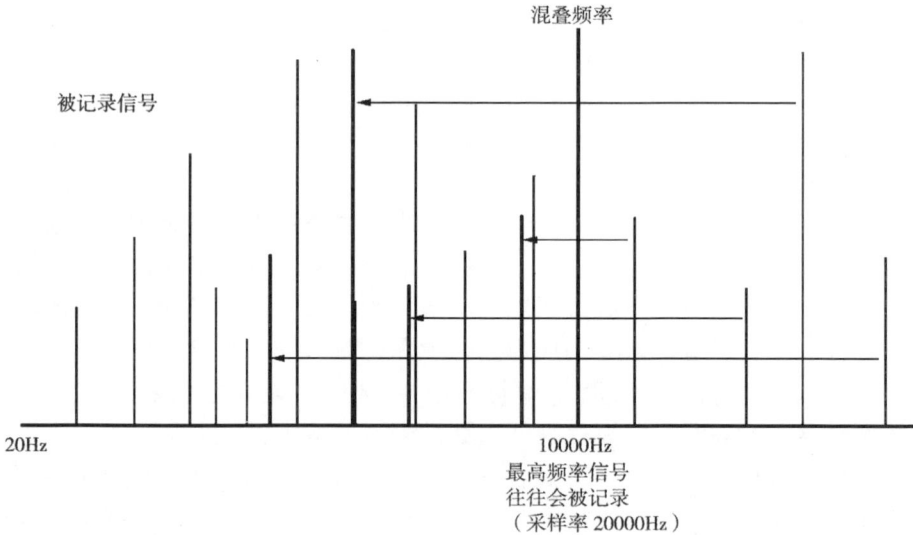

混叠频率

被记录信号

20Hz   10000Hz

最高频率信号
往往会被记录
（采样率 20000Hz）

图 3 - 9

声音频谱中的混叠频率

率。虽然 DVD 有很多选项可供选择，但典型的96000Hz 采样率、每个采样
24 - bit、立体声或是单声道（这是最常用的）。

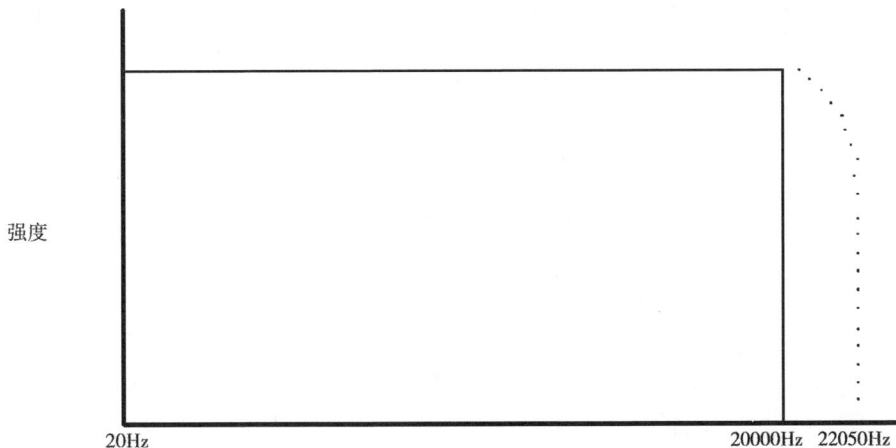

图 3 – 10

理论上在20000Hz无限衰减的抗混叠滤波器，实际的滤波器具有22050Hz的"滚降"

采样中的时基误差

除了混叠以外，还有另一种突出但少见的与采样相关的误差形式叫作抖动。通常是彼此等距的采样被分割为不等的距离时，就产生了抖动。通常抖动是一种硬件误差，既可以通过更换电缆或是内部时钟装置，也可以通过和数字音频数据一起发送一个时间信号来解决这个问题。当抖动出现时，采样间的距离便发生改变；它不是一个恒定的错误采样周期。

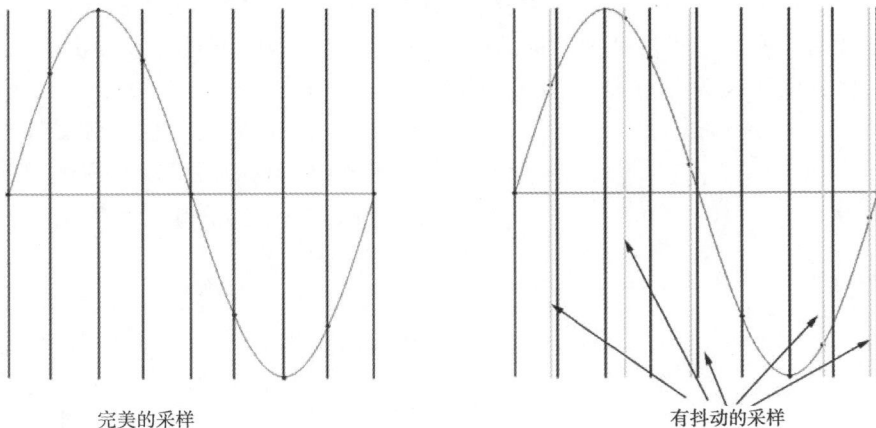

完美的采样　　　　　　　　　　有抖动的采样

图 3 – 11

录音中的抖动效应。左边是一个完美的采样，右边是一个有抖动的采样

如果误差非常严重，将会产生糟糕的结果。虽然抖动是一种非常容易令人误解的误差形式，并且非常复杂，但你仍应该了解这种的现象的存在。

基于电脑的音频和采样

当低采样率进入到硬盘并且变得便携时，它便很有用。去找任何一个正在为游戏汇编音乐的游戏音乐作曲人，他将会肯定地告诉你文件大小总是在考虑的前三项之中。

当你使用数字音频包时，其中具有的选项能够自由地设置你的采样率，在一段录音开始之前有一个事项必须考虑，那就是永远争取在你的录音中取得最佳的音频质量，即使是在互联网上——在这里文件大小是个重要问题。在你拥有了一段干净的录音之后，你便可以重新采样或是改变比特深度。具有一段干净的原始素材作为备份以应对各种潜在的危险总是比较好的。

为了成为一个可靠的声音设计师，采样是关键。它影响着一个文件的"重量"和带宽，这对应用于互动媒体及非线性条件下时具有相当大的影响，更不用说在你的耳朵的满足感方面。掌握这些概念将实现有效率的工作流程技术以及令你的工作专业化。

量化

量化是对输入模拟电压编码和转换为二进制的对应值的处理。量化是输入声音的电平或是强度的数字表示法，它也可以看作是一个模拟信号的数字幅度值。这两种处理：采样和量化，共同覆盖到了所有进入到系统的声音的整个频谱。所有这些都是为了将模拟信号转化成电脑能够理解和分析的东西。通过将强度转换为二进制的形式，我们就可以对音频文件进行分析、处理、操作，除此以外，一旦音频文件在数字系统中，我们便可以对它做任何我们想做的，这是它相对于它的模拟前身的巨大优势。

为了将量化阶形象化，我们再一次使用正弦波图，并且就像讨论采样定理时一样，我们要注意极性对立面。如果我们有 8 – bit 的分辨率，那么就具有 256 阶，我们将分别具有高于或是低于中心线的 128 阶来表示幅度值。为了达到量化过程的高度精

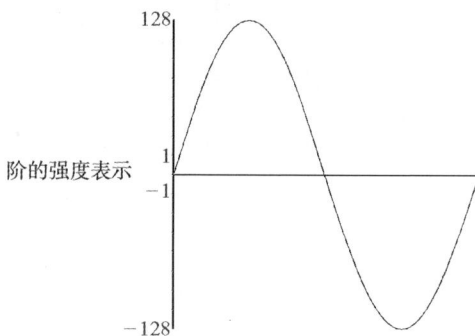

图 3 – 12

量化被中心线划分为极性对立的两边

确，两个极性对立面都需要考虑到。

基于所选的适时的采样点将持续的模拟信号编码——例如采样，是一种离散但不精确的程序，并且将一直是。持续的模拟信号具有无限个幅度值，但是量化过程是有限的，因为只有已限定可用数量的值来对输入的模拟脉冲进行评估，这个值是由比特深度决定的。使用的比特越多，能够表示的信息也就越多。也就是说，可用的表示模拟信号的值越多，分辨率就越高。然而，这并不是一个原始信号的完美复制品，因为采样处理的本质就是对音频信号进行快照。除此以外，用于测量定位或是采样定位的实际值的精度也可能是不正确的。

当录音到数字系统中时，精度是实际的目标。许多数字录音使用 24 – bit 分辨率结合 96000Hz 采样率来获得最佳录音的可能。使用的比特越多，对原始信号的再现就越好；采样率越高，转换时进行的采样就越多。这解决了等式中的分辨率一边：只需要使用更多比特和更高的采样率。等式的另一边是一个比特难题，它包括幅度脉冲实际值的精度。

量化误差

由于采样需要被抽取、评估和量化，因而有限的值能够用于编码输入的幅度脉冲。由于模拟信号是持续的，并且具有无限个幅度值——相对于一个用有限的值来表示持续波形的系统，这必然会引入一些误差。在一个数字的二进制系统中，所有的值必须使用 1 或者 0，或者它们的任意组合。如果一个输入电压并不能精确地与二进制的对应值相符，那么数字系统就必须去"猜"电压值是什么，这就是误差发生的地方。几乎所有的误差都累积在最低有效位（LSB）。LSB 是一个系统中最后评估的位数，它包含最少的信息，但是却担负着重要任务。

顺便提一句，一个字段中最大的位数被称为最高有效位（MSB）。这在一个数字系统的输出或是还音阶段中变得十分重要。这与误差相关，但是是在不同的背景下。

图 | 3 – 13 |

最低有效位（LSB）

LSB

比特深度	128	64	32	16	8	4	2	1
二进制值	0	1	0	0	1	1	0	1

MSB

比特深度	128	64	32	16	8	4	2	1
二进制值	0	1	0	0	1	1	0	1

图 3 - 14

最高有效位

　　LSB 是作出决定编码为 1 或 0 的地方。因为没有介于 1 和 0 之间的值，因此必须在这两者之间作出选择。

　　例如，设想你在录制声源的声音。输入信号的幅度为 1.6V。对应于这个电压的二进制字段是 101010。很好！这种瞬时的幅度脉冲精确地与一个二进制字段相配，并且被存储下来。下一个脉冲的测量值为 1.7V，对应于二进制字段 101011。好极了！另一个完美的切合。下一个脉冲为 1.65V。可是，没有适合于 101010 和 101011 之间的二进制字段。怎么办呢？就像你看到的，字段的 LSB 既可以是 1 也可以是 0。大部分时候，输入模拟幅度的精度比我们的例子中给出的要更大，实际的数值也许是 1.658V。LSB 在这个例子中也许会倾向于二进制数字 1。但是就像我们看到的，101011 对应于 1.7V，而不是 1.658V。无论倾向于哪一个，都会产生误差。然而，可能产生的最大误差，就是量化的两阶之间一半的距离。现在设想一下，这种误差在 16 - bit 的录音中每秒钟出现 20000 次。记住 16 - bit 系统具有 65536 个可用的值来对幅度编码。两万个有误差的采样就是相当多的误差了。大多数时候，你分辨不出这种误差，因为录音本身的噪声抵消了它，但是如果分辨率低的话，例如在一个 8 - bit 的录音中，这种误差听上去将更为突出，特别是在还音中较为安静的段落。

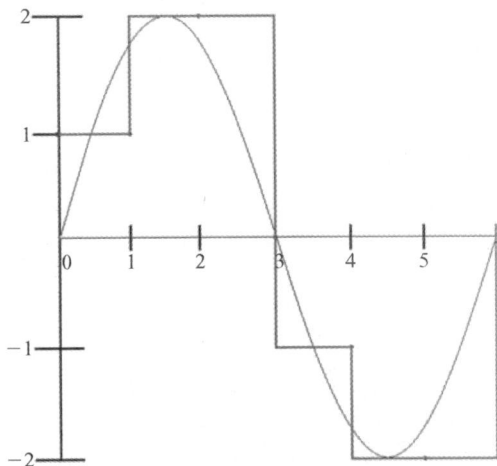

　　量化误差在各种数字录音中都会随时发生。即使这种误差出现了，它通常不会被察觉到。可用的表示幅度脉冲的数位越多，量化误差就越小。

　　量化过程以及由数字程序的复杂性和精确性所引起的误差是如何发生的？建立一个具有视觉上的参考是很重要的。这是数字音频中最

图 3 - 15

一个录音信号的采样率和量化限制

难理解的概念之一。

注意，还音看上去非常粗糙。设想那听上去将是怎样的！

信号误差比

由于量化的不精确性造成的误差产生了噪声。白噪声（在第1章中有定义）是随机的，但是在整个声音频谱上的频率均匀分配。噪声基于提供的比特深度以不同的电平存在。比特深度越高，本底噪声就越低。记得每一个连续增加的比特将使分辨率加倍。因此，通过增加一个2的乘方的字节长度，我们可以推断每种比特深度中可用的阶数。分辨率每增加一倍，本底噪声就降低6dB。

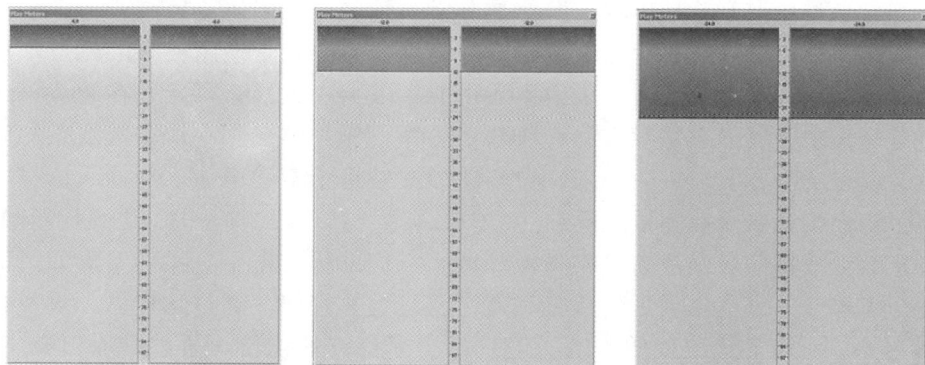

图|3-16|

还音文件的采样率和量化的图示

从0dBfs（满刻度分贝值）降低到本底噪声的距离就是信号误差比。信号噪声比（S/E比）与信号噪声比类似但是并不相同，信号噪声比是模拟系统的动态范围，信号误差比是在音频量化误差出现之前可用的动态空间量。有误差的地方就有噪声，有噪声的地方你就完全失去了你的信号。

计算 S/E 的公式是：

$$6（n）+1.8dB = S/N$$

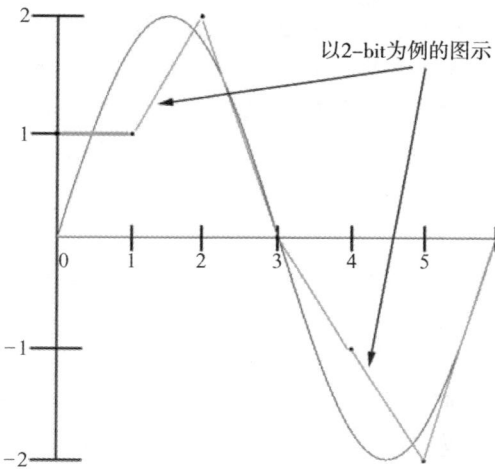

图|3-17|

系统里每增加 1 比特就降低 6dB

N 是动态容量的 dBfs 范围，n 是比特深度数。如果我们拥有一个 16 – bit 系统，S/E 为 97.8dBfs，比 1/4 英寸磁带的声音安静大约三十多 dB，这是一个相当大的音频容量的范围。如果你去听一个 16 – bit 的数字录音，你将很可能听不到这种噪声。

如果你的录音中有无声或是非常安静的部分，你可能会听到声轨上隐约有一些高频嘶声，那就是本底噪声。其他因素也可能进入到本底噪声中来，比如录音本身。你可以做一个实验，使用你最喜欢的数字音频录音机录制一段空白，比如 Sony Sound Forge。倒回去听，然后看看你是不是能听到录音的本底噪声。

如果使用较低的比特深度，本底噪声逐渐增加并且变得更加可闻。例如，一个 8 – bit 系统，具有 49.8dBfs 的本底噪声。相对 16 – bit 系统而言，这个本底噪声就更高。如果你使用 8 – bit 作为你的分辨率来录音，你很可能遭遇由于严重的量化误差所导致的严重的人工痕迹。需要记住一个重要事实就是低比特分辨率通常会导致大量可闻的量化误差。如果录音的强度很高，误差就在某种程度上被掩盖了。如果还音时遇到声音安静的段落，量化误差就会非常突出。观察一些 CD 并作为这种声音的实例。

在 16 – bit 分辨率时，本底噪声被认为足够低以作为标准。在当时，65536 阶用于编码输入信号似乎是非常合适的。在今天，24 – bit 分辨率，包含 16777216 阶，被更加广泛地使用着。通过使用 24 – bit 分辨率，录音也许会包含更多原本的演出或是音效的细节。你的耳朵是唯一的评判员！

噪声整形

如果量化误差总是出现，即使是非常少量的，你如何避免在录音中出现的噪声？避免低分辨率量化误差的一种简单的方法就是使用较高的比特深度重新录制。这可能从经济上来说不太可能，因为这种录音可能是在游戏声音或是音乐中，所以必须存在另一种解决方案。噪声整形，一个非常复杂的问题，就是解决方案。一般说来，噪声整形就是将小量噪声加入到输入信号中来。噪声整形在模拟信号由模数（A/D）转换器转化之前添加。这种小量的噪声有效地将信号误差的底噪降低到低于它们的标准电平。噪声整形通过对小于 LSB（一个量化阶）的信号编码来实现这种降噪。通过这样做，噪声整形去掉了一些量化误差的影响，但是付出了些许的代价。通过添加白噪声，你的文件中就包含了白噪声。你将会听到那种噪声，不过相对来说它比低比特分辨率量化误差的破坏性效果要可取一些。观察一些 CD 并作为这种声音的例子。

有时候噪声整形可以在录音完成之后加入，这种效果非常好。如果一个文件包含许多误差，你也许不得不为了挽救那些信号而对文件使用噪声整形。

声音的录音和还音流程

我们讨论数字音频的最后一站就是录音和还音流程或是路径。录音路径的目标是将模拟信号转换成为等效的对应的数字数据形式，这些数据还音成为模拟信号则是一个相反的过程。

这两个过程都十分重要。下面列出的两种路径就是对每个过程的一般阶段的阐述。

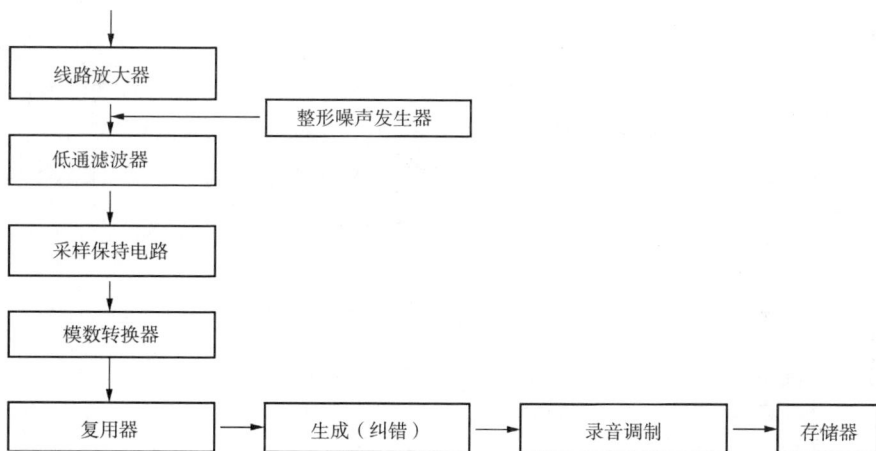

图|3－18|

一个信号转换成数字数据所经过的阶段

数字录音

录音过程囊括的范围相当广泛，但是并不是画面中的所有事物都是必须被转换的信号。数字录音过程的准系统元件就是一个低通滤波器、一个采样保持电路、一个模数转换器以及信号调制、编码和纠错的设备，整个过程棒极了。在线路输入阶段，模拟信号进入到数字系统中来。

线路放大器

通常信号遇到的第一个装置就是线路放大器，它将信号提高到一个令人接受的并能够在系统中进行处理的电平。

整形噪声发生器

整形噪声发生器对输入信号使用噪声整形来应对量化误差所产生的影响。不同种类的噪声影响着被量化信号的不同部分。对整形噪声的选择取决于你想用来作用于文件的具体噪声类型。在数字音频中，有三种类型的整形噪声被广泛使用：高斯 pdf（几率密度函数）、矩形 pdf 和三角形 pdf。这其中的每一种函数都分别负责引入到文件中的某种噪声。

了解量化处理的信号介于某阶数之间的概率对你来说也许不是非常重要，但是使用你的数字音频编辑软件包来实验噪声整形却十分重要。大部分好的软件包都拥有整形噪声类型的选择。去尝试使用它们吧。

低通滤波器（抗混叠滤波器）

在高于奈奎斯特限制的频率被转换为数字之前，抗混叠滤波器能够有效地阻止它进入到系统中来。就像之前谈到的，没有那种精确的在某个频率衰减的"砖墙"式的滤波器，因此最好是将你的采样率设置得高于以前推荐的最高频率的两倍，以防万一。

采样保持电路

在低通滤波器执行了它的工作以后，信号转移到采样保持电路。在采样保持阶段发生了两件事情。在离散的时间上采样被抽取，这对之前提到的采样定理进行了阐释。然后当 A/D 转换器取得被保持的模拟值并且将它转换为一个二进制字段时，采样就被保持，这是一个数字化过程中的关键步骤。如果没有保持阶段，由于无限变化的幅度输入，A/D 转换器将无法再造一幅准确的输入模拟信号的图像。

模数转换器

A/D 转换器是转换过程的核心。转换器的精度以及它花费在做这项工作上的时间是这类设备最重要的方面。比特深度和采样率越高，A/D 转换器就越需要努力工作。

转换器在每一个采样中提取模拟幅度电压并且从中得到一个二进制编码。A/D 转换器越好，音频的表现就越准确。基本上，A/D 转换器是模拟声音世界和数字音频世界之间的接口。

复用器

复用器的工作就是将来自 A/D 转换器的数据流串行化。相较于多路数据流，串行比特流是一种单一的数据流。A/D 转换器的数据输出由于冗余或是

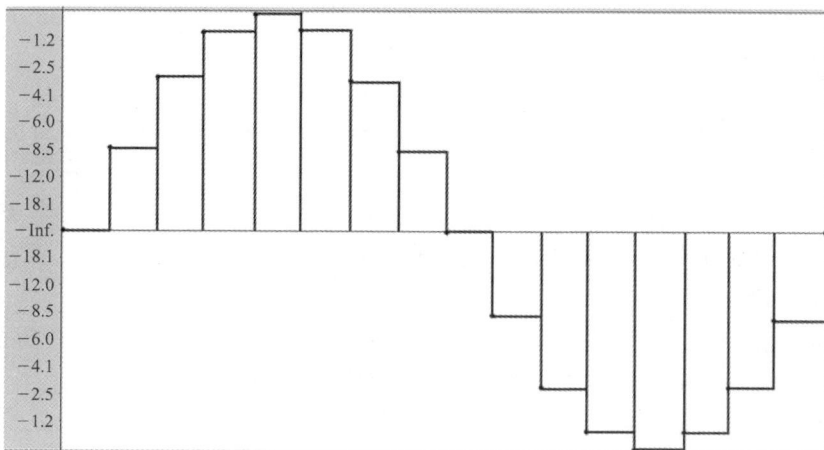

图|3 - 19|

从模拟信号到阶梯化形象的采样保持程序

其他纠错的原因可能会是并行的，需要被排列为线性的。大部分数字音频处理本质上都是串行的。这种由复用器产生单一数据流之后被送去纠错或是生成——为了准备存储而做进一步调整。

纠错（生成）

为了减少在转换的开端处引入比特流的误差的影响，必须使用一些误差侦测和校正的方式。基本上，这些方式创造了一组新的数据，这些数据都是基于来自复用器的比特流或者是不同形式的纠错比特流，并且使用交叉存取数据。也就是说，为了检测和纠正误差，这些数据被设置为冗余的或是交叉存取的。这个阶段中也出现了生成，数据比特流携带着地址信息同步地生成，并且被存储为原始数据。现在的目标就是将数据从 A/D 转换器转换成为一种可存储的形式。

录音调制

纠错阶段产生的原始数据必须被编码成为一种能够最准确和有效存储的形式。音频最常用的编码类型就是脉冲编码调制（PCM）。调制的意思就是将信息编码，以便信息的存储和传输。这种调制的形式从根本上来说就是取得每个采样的输入模拟幅度值并且将这个信息表示为一个脉冲编码。一般来说每个采样的表示都有几个脉冲。PCM 在还音的时候形成了一种非常良好的信号，并且在存储和传输方面最为高效。调制的其他种类还包括脉冲幅度调制（PAM）、脉冲数调制（PNM）、脉冲位置调制（PPM）以及脉冲宽度调制（PWM），但是最常用的仍是 PCM。

数字还音

如上文所说，还音流程基本上是逆向的录音流程，但是一些设备的功能可能与想象的有所不同。

为了消费，存储数据必须重新转换为模拟信号。无论在录音还是还音流程中，PCM 都是数字音频中最有效的编码方案，因此你所见到的大部分原始音频都是 PCM 编码的。

需要再一次纠错，并且是必要的。如果没有纠错，输出信号将严重衰减。串行比特流必须被交错或是多路分配为它的原始二进制形态以便数模（D/A）转换器能够将数据转换为电压脉冲，并且通过一个采样保持电路来发送，然后再一次通过一个低通滤波器输出至监听系统。

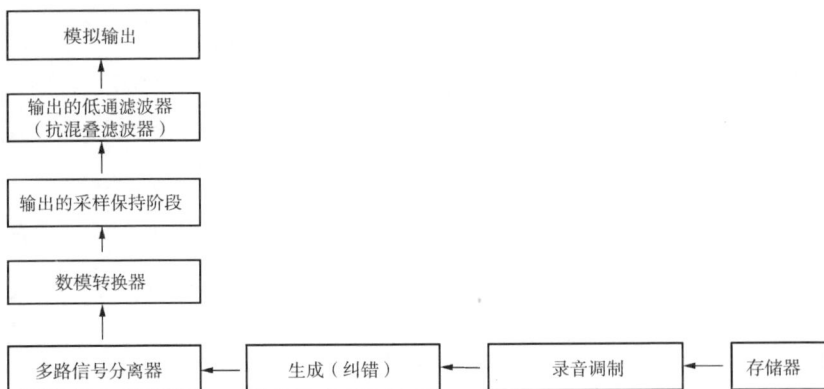

图|3 – 20|

数字数据通过再次转换重新还原为模拟信号所经过的阶段

数模转换器

D/A 转换器的工作就是将数字的输出信号尽可能准确地存储为一种模拟的形式，这种设备是还音流程中最重要的一部分。D/A 转换必须达到难以置信的精确，产生的电压必须非常确切。在 16 – bit 转换器中，需要用65536级电压表示一个特定的声音或是一段音乐。一个 24 – bit 的转换器，就像上文所陈述的，具有16777216级。哇！这对一个小小的装置来说是相当多的工作啊。

采样保持

与输入的采样保持电路不同，输出的采样保持电路必须纠正由 D/A 转换器所产生的错误。就像前文所提到的，将数字的二进制转换为对应的电压的形式是极度精确的。从根本上来说，这导致了误差。D/A 转换器能够产生错误的信号，然后这些错误的信号和输出电压放在了一起。输出的采样保持阶段去除了不合规范的信号，然后当信号稳定之后，它将会保持 D/A 转换器在采样间切换所消耗的时间长度。然后下一个采样将被评估和纠错。

输出的抗混叠滤波器

还音流程的最后阶段就是输出的抗混叠滤波器或是输出的低通滤波器。这种滤波器携带着 D/A 转换器输出的模拟信号的 PAM 阶梯状图示，并且为了还音而将这种图示平滑化。

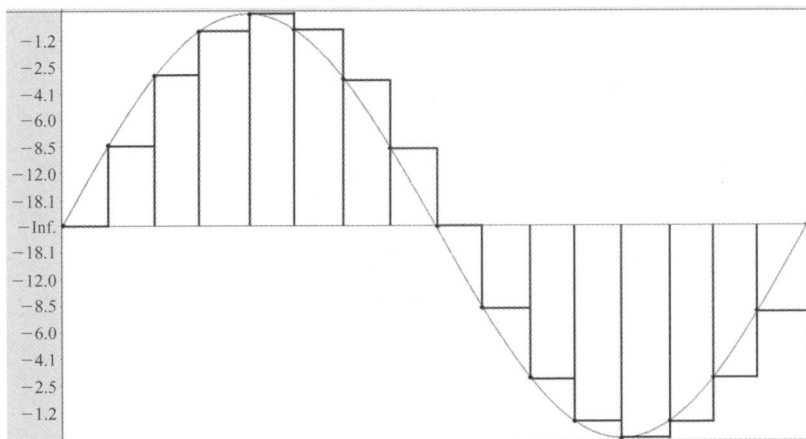

图 3 - 21

D/A 转换器的阶梯图示到低通滤波器的平滑图示

总结

这一章给出了关于数字音频录音和还音路径的一个概念。采样和量化的过程，伴随着与它们相关的内部误差的典型形式，连同与准确产生高质量音频相关的硬件精度一起是一个令人惊叹的奇迹。请反复研究这些概念。关于数字音频的资料很多，尽可能多地去调查和审阅这些资源。资料的内容或许稍有不同，但是总体的概念是相同的。

彻底地理解数字音频处理对声音设计师来说是绝对必要的。反复阅读这些概念直到理解它们。除此以外，就像对待任何理论和论点一样，必须有一些相关的实践来证明已经达到一定的经验级别。你做的数字音频的工作越多，汇集到一起的概念就越多。

复 习

1. 如何定义采样率和量化？
2. 低比特分辨率是什么以及它与量化误差如何相关？
3. 噪声整形如何作用于文件或是录音？
4. 什么是混叠？
5. A/D 转换器的功能是什么？

笔记

第四章

计算机与音频

目标

声音设计师必备的硬件和软件组件

介绍关于声音设计的软件包的基本组件

在该领域及剪辑和渲染技术中使用的技术术语

介绍

本章介绍了包括硬件和软件在内的所有必要的组成部分，这些需要声音设计师用电脑和一些外设来配置和操作。为读者介绍与声音设计有关的软件包的基本组件，也包括在该领域以及剪辑和渲染技术中使用的技术术语，并简短地介绍了一些音乐记谱软件的使用。

计算机与音频

让设备一起工作

到目前为止，已有的信息或多或少都是理论上的。为了应用这些信息，就需要对使用的设备有个整体的了解。你所使用的设备、装备、软件和设置组成了整个数字音频装配，设备的质量会对音频输出和整个声音设计产生很重要的影响。起初，任何设备都可以工作，但是随着技术的发展，更重要的是耳朵开始变得"敏锐"，就需要更先进的设备了。

了解整个装配的总体设计也很重要。监听器、椅子和其他设备要有明确的位置，这有助于鉴赏和分析声音工程。一个"5.1 环绕立体声"的设计对环绕声的混录也很重要。

系统产生的声音就好像一个听觉指纹。你的声音会给听众留下一种印象，这将最终形成一种特有的风格。如果音频通路连接得不好，那么在标准设备上测试的时候就会变得很明显。比如，通过普通的监听器混出来的声音可能改变整个混录的结果，因此声音通过商业系统回放听起来会很差，而通过专业或半专业的声音系统回放会更糟。

设备和软件越好，得到的音频就越纯净。

硬件

这一切都要从硬件说起。你的电脑的性能和精确度会决定输入或输出音频的质量。从多种可用的组件中组装出一个电脑的学问是一种技能，掌握这种技能是很有价值的。它与现成的台式机相比可以帮助降低成本，并且允许挑选，从一定程度上说，是工作站的精确配置。例如，现成的机器可能包含一些你不一定感兴趣的配件，或者可能只包含某种类型的处理器。如果你自己组装机器，那么你就可以挑选配件而不用受电脑"捆绑"组件限制。缺点是你需要从下向上组装机器，并且需要手动安装软件，软件不是预先就装在硬盘里的。

大多数常见品牌的硬件设备会给出安装步骤。一般说来，如果你从来没有组装过台式机，那么你在选择组装电脑和安装系统上要花 4～6 个小时。装完一台机器以后，组装第二台（你必须有不止一台机器！）所花费的时间就大大减少了。与做其他事情一样，越去实践就会越熟悉，所花的时间就越少。下面开始工作。

电脑中有九种基本设备是应该要了解的：①中央处理器（CPU）；②主

板；③内存（RAM）；④硬盘；⑤带电
源的机箱；⑥调制解调器或者以太网
卡；⑦显卡；⑧声卡；⑨一些周边设
备，如键盘、鼠标、混频器、显示器
或其他外部设备。

动力设备（CPU）

整个电脑的核心部分就是中央处
理单元，有它才有处理速度。多数通
用的电脑的 CPU 都足以用来做大部分
的音频工作，一般的电脑将有足够的
速度来做任何与音频有关的工作了。
CPU 速度越快，它就允许越多的音频
流同时被录制或回放。如果有一个很

图|4－1|

CPU

大的多轨数字录音工程，那么就需要运算更快的 CPU，不过一个普通的 CPU
的马力就足够了。在计算音频渲染时间或者进行剪辑操作的时候，运行快速
的处理器是很有用的，有时候稍慢一点的机器会在添加一些特别的处理和效
果上花费一些时间。处理得越快，工作的时间就越短。

主板

所有主要的处理过程都发生在主板上，电脑所有的数据和处理的基本设
施也都在主板上。多种不同功能的连接卡（如声卡和显卡）都插在主板上相
应的插口中，每个卡都有特定的功能并由它所插入的槽或插口提供动力。电
脑的主板可以被定制来满足用户的不同需求——这一点确实很有用。

主板是由多层印刷电路板构成的，这些电路板层传输经过主板的信号和
电压。有些层为内存、处理器和基本输入输出系统（BIOS）总线传送数据，
而其他的层则传导电压和地回路，这一切都在不发生交叉短路的前提下才能
够实现。这些混合的层都被压紧并相互叠加地放置，形成主板。然后芯片和
插口被焊接在压紧的板上，这就是你在商店里买到的电脑。

随机存储器（RAM）

随机存储器允许数据被存储在临时的存储单元，这就使得它在存取时比
硬盘更加方便和快捷。当你请求电脑来存储或检索一条信息，不管是不是音
频文件，它基本上都可以检查两个区域：硬盘和 RAM。不管每分钟转速

图 4 - 2

标准主板

（RPM）有多快，从硬盘中读取数据也总是比访问 RAM 慢。可以把这种差异与写书相比。

如果你要写的书的内容不在你的脑海中，那么你就需要查找该内容并理解它。这基本就是硬盘所做的事：它存储数据。如果这个内容在你的脑海中，这个查找信息的过程就免掉了，并且整个信息检索的效率就提高了。很明显，你脑中的信息越多，书写就越快。同样的，RAM 越大，音频工作也处理得越快。长度为一分钟的 CD 音质的音频大约需要 10MB 空间。如果音频工程的大小为 300MB（在声音设计阶段中这算是相当小的），那么 300MB 的内存加上操作系统所需的空间（大致估计要 400MB，包括必需的交换数据的空间）被要求处理这个音频的输入或输出。粗略地读取硬盘上的 700MB 数据需要花点儿时间，并且一定比 RAM 检索花的时间要长。

RAM 越大越好，大多数电脑都备有存储槽以便扩展 RAM 的容量。尽可能多花点钱来使你的 RAM 达到最大值。

硬盘

对音频工作来说，硬盘的速度需要很快（尽管没有 RAM 快），现有的硬盘的速度也可以处理很大一部分音频工作。便携式硬盘也很有用。用火线或 USB2 来连接对大多数 CD 音质的音频来说就足够快了。一个 44.1kHz，16 - bit 的立体声音频文件需要 150kb/s 的数据传送速率才有效。许多硬盘可以以每秒百万字节的速率传送数据，

图 4 - 3

2 条 256RAM 内存条

因此 150kb 就不算什么难题了。你的音频文件的分辨率越高，你所需的硬盘处理速度就越大。

存储器又是另一个问题。常规工程的大小基本上决定了所需空间的大小，但是对存储器来说问题不仅仅于此。在一个驱动器里进行读和写的操作会产生很大的工作量，特别是当你在处理音频文件的时候。一个更好的方案就是要再有一个用于音频文件的驱动器，对两个驱动器进行操作要比信息在同一个驱动器中往返快一倍。弄一个专门用来做音频的驱动器会是个好主意。

表 4 – 1　常规硬盘

常规硬盘接口类型
·集成式驱动器电子设备接口（IDE），也被称为 ATA
·增强型 IDE 接口（EIDE）
·小型计算机系统接口（SCSI）

表 4 – 2　常规连接类型

	拨号	综合业务服务网（ISDN）	电缆	非对称数字用户线路（ADSL）
最大下载速率	56 kbit/s	128 kbit/s	8 Mbit/s	1.5 Mbit/s
标准下载速率	46 kbit/s	64 kbit/s	1 Mbit/s	512 kbit/s
标准上传速率	46 kbit/s	64 kbit/s	1 Mbit/s	256 kbit/s

显卡

一块一般水平的显卡就足够了，实在没有必要为了你的音频工作去买一块 500 美元的超快的显卡。有时候个别显卡不能与音频程序很好的合作，而导致一些视觉假象或程序中止。通常仅仅需要升级**驱动**程序就可以解决一些小问题，可如果问题很严重，就需要换一个显卡了。基本上，如果你买的是现成的电脑，那么内置的显卡就可以了，要知道大多数机器都有自带的视频游戏。视频游戏要求帧速率较高，这就要求更短的显卡渲染时间，如果你的显卡可以处理视频游戏，那么它可以轻松地处理音频。

声卡

一台电脑音频配置的核心就是声卡。在过去，基于当时的科技建立有工作站；今天一台 PC 机或者苹果机基本就可以对音频进行处理。你所涉足的领域越高端，事情就变得越复杂，花销就越昂贵，你也就需要越大的能力。

声卡可以很贵也可以很便宜。声卡越好，输入电脑的模数转换（A/D）就越好。声卡是模数－数模转换器，第三章中讨论的大部分音频计算和转换都发生在声卡里。要想知道你的声卡的规格，就去声卡制造商的网站看看或者加入一个用户群组的论坛。

声音设计的初学者不需要25000美元的声卡，这些钱可以很轻松地配一套Pro Tools HD 的装备了。刚开始的时候，一块带有输入和输出的声卡就是你所需的东西了，多轨的输入和输出可能在后面的阶段会用到，但对现在来说一块简单的声卡就可以了。基本上，每个机箱正面和背面都有插声卡的端口。与其趴在地上找到后面声卡的正确的端口，不如从机箱前面插来得容易。然而核心的声卡就是后面的声卡，它被插在主板的外设连接接口槽里。通常这种卡有一个话筒输入、线路输入、线路输出，有时还会有游戏端口。这种卡可能还会有多轨输入和输出、**乐器数字化接口（MIDI）输入或输出（I/O）**、**光纤**连接器和 SPDIF **接口**（索尼/飞利浦数字接口）。很多时候，如果有 MIDI和光纤连接器的话，它们一般都被设置在机箱的正面。

花钱要理智，正面控制器通常会使声卡价格加倍。创新 Sound blaster Audigy 只单独卖背面声卡或者是带有正面控制器的整个一套设备，这基本就是为了方便。

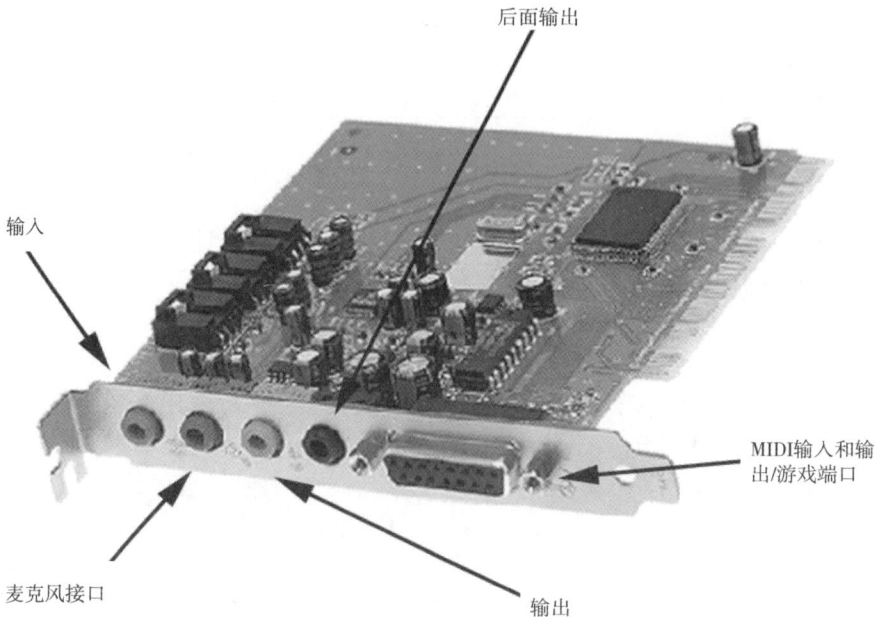

后面输出

输入

MIDI输入和输出/游戏端口

麦克风接口

输出

声卡的制造商不同，颜色将有所不同

图 4 - 4

典型声卡的背面

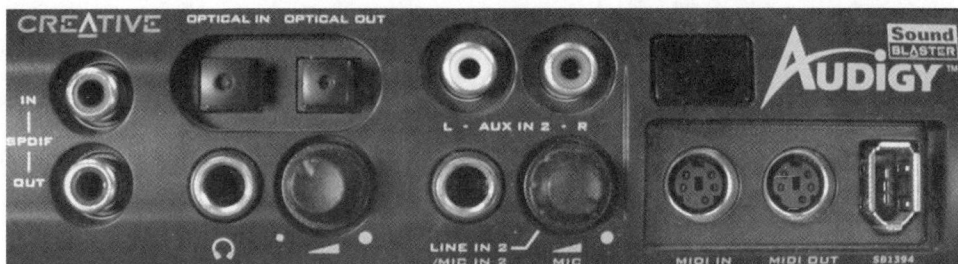

图|4 – 5|

声卡的正面

如上所述，如果你要使用 MIDI 的话，要确保背面声卡或正面有一个 MIDI 输入和输出以及游戏端口和 MIDI 适配器。

看一下声卡的信噪比（SNR）。声卡的一个最大的问题就是它们在你的录音中所产生的噪音的多少，一些低端的声卡在录音时有低频嗡声，这是因为组件较差。当你阅读卡上的说明书的时候，它通常都自称信噪比很大，大约128dB。这是个带有欺骗性的数字，它并没有说明测量的最高和最低电平。通常这个比例相当于声卡可以产生的最大声音和在机器关闭时声卡固有的噪声之和。这并不是什么精确的测量，对吧？主观地说，把最大值降低 15dB 来达到一个理想的值，或者通过尝试来得到你满意的结果。此外，机箱——电脑的心脏——就像一个大的射频吸引器，机箱内部有大量的射频噪声，有时候这种噪声会潜入你的录音当中。提防射频"四处游动"到你的录音机中。

表 4 – 3   常用声卡

· EMU

· Digidesign

· Creative

· M – Audio

· Motu

· RME

机箱

你电脑的所有组件都存在于机箱里面。买机箱的时候，最重要的事是看机箱内置电源是否足以给你的卡和设备供电，而且要把可用的硬件列个清单，这样你就可以校对了。

尽管有为用户定制设计的机箱配色等方案，但是机箱的外表并不重要。要确保机箱足够大，以便容纳以后可能需要的全部备用的卡和前端驱动，也必须要考虑主板的大小。

软件

有上百种软件包可供你使用来创建音频素材。这个产业在朝着制作音视频结合的程序包的方向上前进。出于经济和战略上的原因，专用于音频的应用程序越来越少了，而音视频的合并正在快速发展。专用于音频的程序可以做的事情，目前大多数的应用程序都可以做。一些有名的音频程序有 Digide-sign、ProTools、Steinberg Nuendo、Sony Sound Forge 和苹果的 Logic。

下面是在声音设计和音乐创作领域中所使用的一些音频软件程序包的常用特性。需要成功地创建和实现音频素材的一些基本特征，并应在你的设备中用一两个程序把这些特征标出来。通常是不需要所有的程序都完成类似的功能的，要找出最适合你的并且坚持下去。有许多其他的附加软件和插件可以应用于这些软件，但这是依照情况而言的并且常常很昂贵。

录音、剪辑和添加效果以及对音频文件的处理将是你用音频软件做的最常见的工作。每一项都比较容易理解，但是要想做到创新，窍门就是要知道使用它们的时间和场合以及运用它们的方法。

录制音频

用数字音频程序录音的步骤相对比较简单，因为录音窗口中的峰值表中有信号读数。录音过程中遇到的问题通常与软件无关，而是操作系统的问题。通常操作系统内置有单独的音频应用程序，需要调整它们以适应连接形式。在 Windows 操作系统中，音频界面包含还音和录音的不同选项。

在其他情况下，如果你附加了不止一块声卡，你就要确保为还音和录音选择合适的声卡。

目前，每一种软件剪辑程序都有从不同的设备来录制音频的功能，这包括把麦克风信号输入你的电脑。从这个阶段开始，软件中必须要有**线路电平**。如果有信号读数，你可以开始进行录音，但是结果可能不尽相同。必须要提出的是录音的其他一些方面，了解这些才能得到令人满意的结果。

从麦克风到电脑

大多数声卡都有话筒输入和线路输入端口。实际上，你所要做的就是把

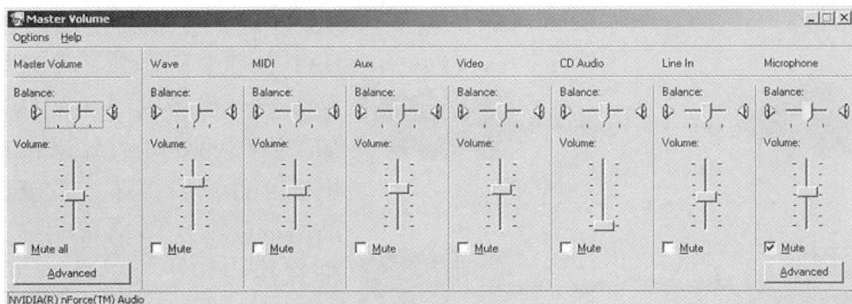

图 4 - 6

Windows 音频播放界面

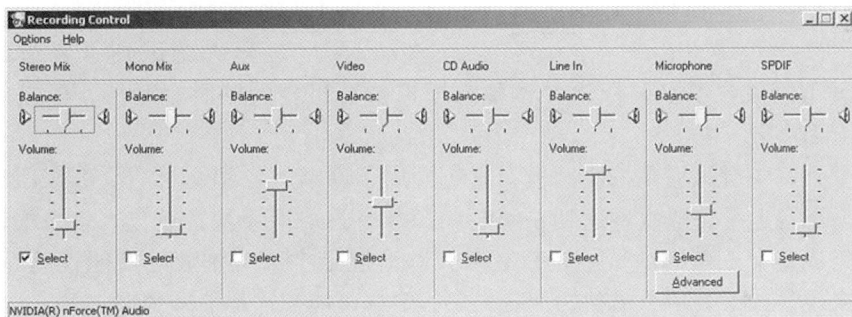

图 4 - 7

Windows 音频录音界面

话筒插入声卡上 1/8 英寸的插孔内，这样应该就有信号了。问题是其他声音会不知不觉地溜进你的录音里，如前文所述，电脑主机内部有射频存在，电缆长度也对录音中所引入的噪音有影响。如果简单地把话筒插入声卡的话筒输入端口，录出来的声音质量可能会很恐怖，试一下并且自己听一下效果。在声音文件中会录进如此多的噪音是因为普通动圈话筒的线路电平很低，这个低信号与机箱中的噪声结合在一起，使录音效果变差了。一个更好的解决方法就是用前置放大器提高电平并把信号发送至声卡中的线路输入端口，信噪比要尽量高一些。信噪比越高，录音质量越好。

直流偏差

当信号从没有经过严格的基准零电平校准的输入设备进入声卡的时候，就会产生直流偏差，这是由输入设备和声卡之间的电的不匹配造成的。直流偏差发生的次数比你想象的还要频繁，因此你要留心。这在将录音转至硬盘

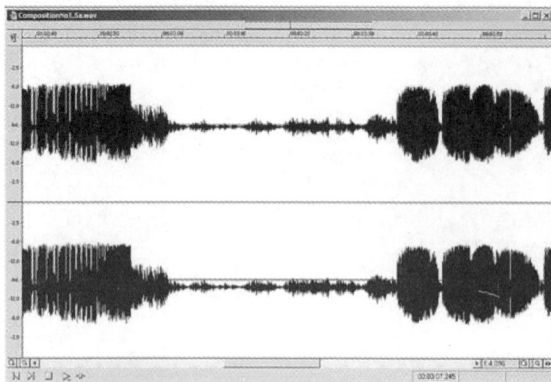

图|4 - 8|

录音文件的直流偏差

上的时候也会发生，比如在 DAT 磁带上制作的，在这种情况下输入设备就是 DAT 机器。如果所作的处理或效果没有应用于文件本身，那么直流偏差的影响事实上不会很明显；如果直接应用于文件本身的话，声音的加工和异常之处就能够很明显地听出来。

录音软件界面

一旦你调试到了合适的电平，就可以录音了。录音软件具备与模拟录音机相同的所有特征，但是外形通常会有些不一样。

要找的关键区域是控制面板，它包含用于音频录音和还音的全部按钮和电平表。录音电平一般应该达到 -6dB ~ -3dB，这取决于把音频放入多轨编辑器中时组成整个工程的轨数。轨数越多，整个混录中出现削波的可能性就越大。举例来说，如果有一个单独的声音，那么要尽可能把这个信号变强。

如果一个信号的强度大于系统的处理能力，那么当它进入系统的时候就会产生削波，结果就是录音的效果很差。记录强的声音时，大多数软件都有指示削波信号，这与由位深记录的整个动态范围有关。当没有足够的数据来编码强信号时，文件的顶部就被削掉了，与模拟录音系统中可听到的失真不同。

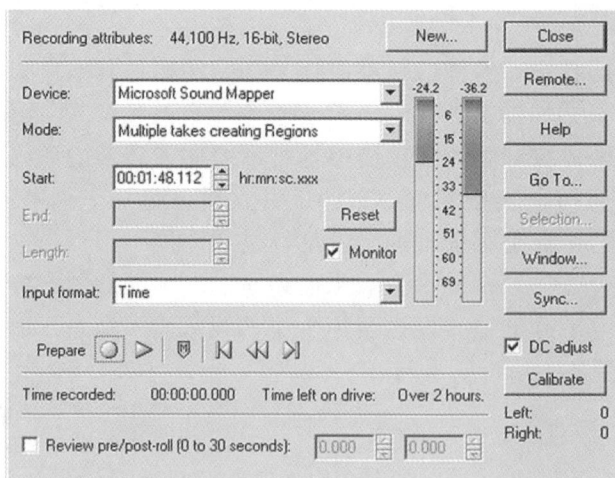

图|4 - 9|

Sound Forge 录音窗口

剪辑音频文件

数字音频中的声音剪辑工艺是出色的声音设计中的主要内容。剪切、移动、降噪和处理是剪辑处理的所有部分。

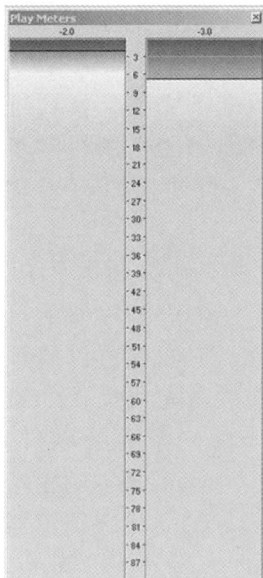

图 4 - 10

−6dB ~ −3dB 输入信号
电平表指示

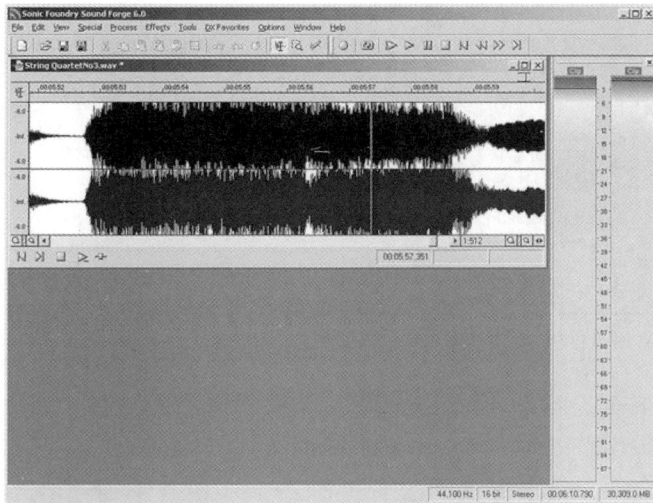

图 4 - 11

编辑软件中的音频文件

剪辑音频允许声音设计师来制作循环圈、片段以及可以用音频文件建立的其他东西，一些更普遍的技术通过一些实践就可以很轻易地学会。你在剪辑和推敲声音上花费的时间越多，你做声音就会越快，效果就越好。

编辑器

立体声编辑器是使数字录音和编辑以及声音或音乐的数字信号处理变得容易的应用程序。它或者记录进来的信号，或者从 CD 音频采样，也被称为抓取音频，像音效 CD 一样，它里面的声音需要以特定的顺序整理出来。进来的信号可能来自单独的话筒或者正在混录整个工程的控制台，这一点无关紧要，由用户来决定把音频录成单声道还是立体声分轨文件。立体声编辑器只能进行剪辑，你可以把许多个立体声文件混在一起，但是你不能剪辑或者操作已经混在一起的任何特定声轨。通常这样做是处于实验性的原因，因为没有能力把每一轨分别混录。很多时候学生会问，他们怎样能得到更多有效的声轨，答案总是"用立体声编辑器工作时你只能使用两轨"，用多轨编辑器是可以剪辑多轨声音的。立体声编辑器就是给立体声用的编辑器，它一次最多只处理两轨，就是这样。然而，也不应低估立体声编辑器的能力，事实上，很多声

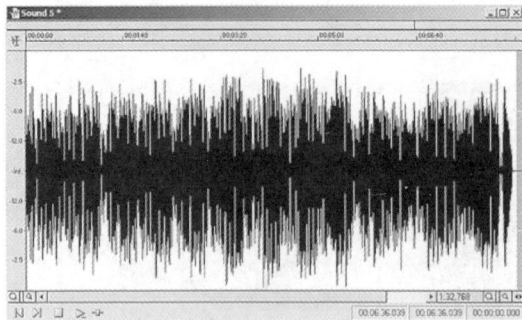

图 4 – 12

Sound Forge 中单声道录音

音设计基础工作都是用立体声编辑器做的。

一旦开始准备文件，就要把它们送到多轨编辑器来进行同步或者合并到一个更大的声音文件中。

不管使用的是什么操作系统，都有一些关于立体声编辑器的普遍原理和流程，它们都可以剪辑和操作音频文件。完成操作的难易程度取决于每一个声音软件。

下面所举的例子都来自于一个非常流行的立体声编辑器，它除了基本的编辑程序组以外，还有许多不同的功能。Sound Forge 是近来最好的立体声编辑器之一，很多专业的录音棚都安装了这个程序作为设备的一部分。尽管 Pro Tools 也是每一个录音棚数字配置的一部分，而且也是数字音频的工业标准，但是对于刚在声音领域起步的人来说，Sound Forge 的价钱更合理。

查看声音文件

在用音频程序工作的时候，要明白的第一件事是怎样"解码"视觉信息。毕竟声音不是视觉艺术，但是我们要花费很多时间在电脑前对着视觉化的音频文件工作。那么视听都是什么意思？在理解到底是什么被形象化了的基础上，文中给出这个问题的一个线索。

单声道或立体声

在立体声编辑器中有两种文件类型：单声道文件和立体声文件。单声道录音是一个单独的文件，不管它本来是不是立体声文件，它以单独的音频图解表示法出现在你的编辑器中。

单声道文件主要用作人声录制以及为广播或网上发行做准备。采样率和位深起着很重要的作用，但是要记住单声道文件的大小是立体声文件的一半，因为它只有一轨。

从另一方面说，立体声文件包含两轨。这两轨一般要么是两个配对儿的单声道文件，它们也是立体声文件但不是我们习惯听到的那种；要么是两个分立的立体声文件，它们含有重现平衡的立体声所需的信息。

大多数工程都使用立体声，除非是人声录音，这要用单声道，不过必须要考虑到这些文件的大小。像往常一样，尽量把音录成最高品质的，再在需要的时候进行压缩；绝对不要以低量化比特和采样率录制原始音频，因为一旦录制完成，就不能再提高品质了。

注释

　　所谓立体声是指声音包含了多于一只扬声器的同步数据。立体声（stereo）一词源于希腊语"solid"，指深度、宽度、高度。

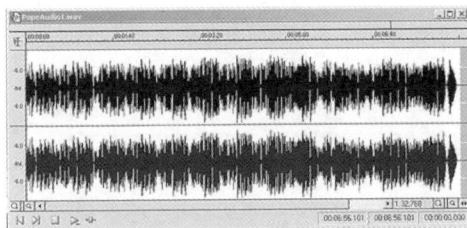

图|4－13|

两条单声道文件

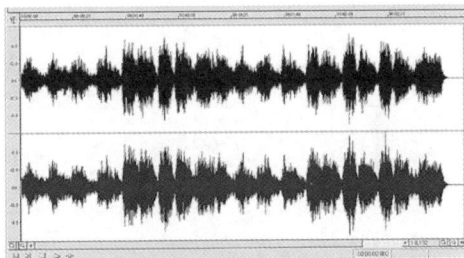

图|4－14|

Sound Forge 中打开一条音频文件

　　对所有文件来说都一样，在做任何改动之前，要确保有一个原始文件的备份并且反复操作。如果在应用了重要的改动或者处理之后要制作一个单独版本，那么一定要事先单独保存任何一个文件。

　　你在看什么？

　　标准的声音软件包几乎要包含所有共同的特性。音频图形和如何对照图形进行工作都是成为声音设计师要了解的一部分。

　　当你录制音频的时候，声音被转化为表示振幅和时间的图示显谱。文件的界面允许有处理、效果和其他解析程序存在，要留意所有的菜单和它们的名称。

　　一个叫作频谱分析的工具被用来查看音频文件的频率，这个工具在尝试测定声音效果或其他声音文件的平

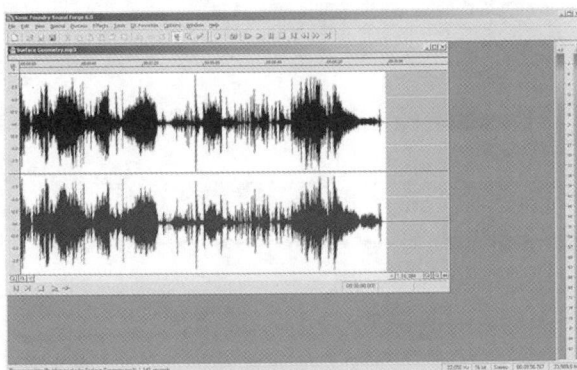

图|4－15|

两条单声道文件

均频率的时候非常有用。这一用途在第六章会明显看到，在音乐和声音设计中的音程关系上，测定声音的频率是很重要的。

但是，你大致看一下，特定音程的频率比例在视觉媒质上会产生特定的冲击，观察者如何理解这个内容也源自这个图。换句话说，声音以预定的比率分隔并同时播放必然会表达一种特定的情感意义。

伴随文件本身，还有用户图形界面的其他方面。每一个编辑器上都有控制面板、光标线和文件持续时间指示符，通常还有很多快捷键，这可以帮助用户提高效率。

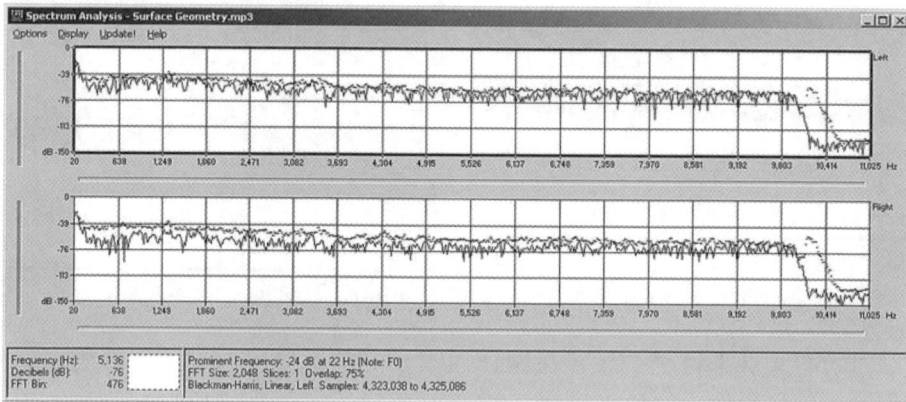

图 4 – 16

一个频谱分析仪根据指定文件表示出频率范围及评价值

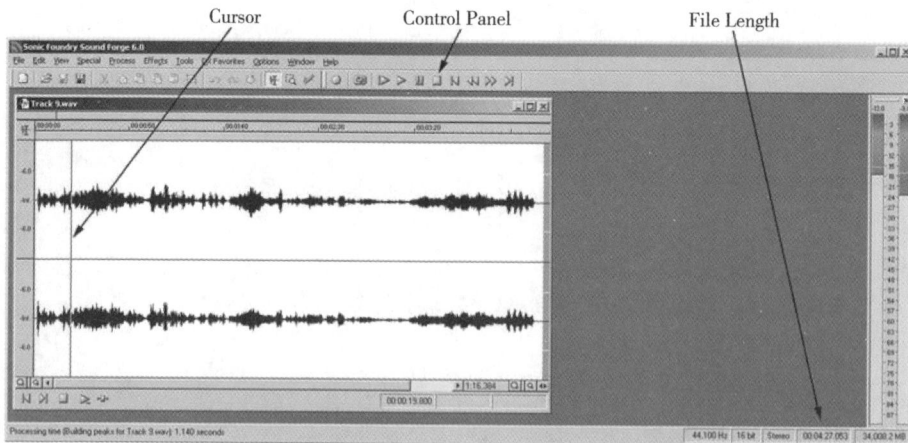

图 4 – 17

游标、控制面板、文件指示器

让音频填满屏幕

当音频文件有大量详细数据或者特定位置有微小的瑕疵时，缩放功能就会对你有帮助。事实上，大量的时间你都会在来回移动图像以便用某种方式剪辑或处理，大多数剪辑软件（如果不是所有的）都有某种缩放功能。按工作流程来说的话，鼠标键盘快捷键的组合通常最适用。

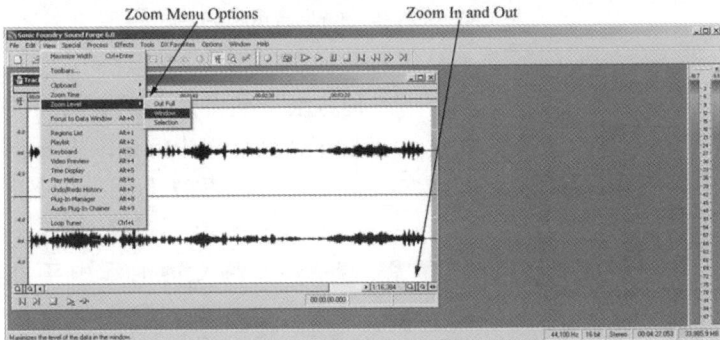

图 4 – 18

Sound Forge 中的放大镜功能

还音表

还音表是指示你整个声音文件输出的上下跳动的柱状图，这里你可以观察削波和濒临失真的高电平。观察还音表是必需的，因为每次对文件应用处理或者添加效果时，文件的特性都会改变；给文件加混响会有增加文件振幅的倾向，从而可能产生削波。播放指示表在削波失真点的位置设置为0，这个0dB以下的满刻度被视为在容许的动态范围之内。还音表如果指示到了0阈值之上，就会发生削波失真。削波在录音中是决不能被接受的，无论如何都要避免削波失真。你愿意调到多接近0的位置都可以，但是一定不要超过0！

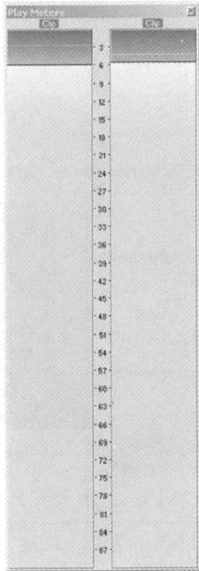

图 4 – 19

还音表——不要造成削波失真

必要的声音剪辑技巧

像学习其他东西一样，为了取得肯定的、专业性的成果，你需要学习一些声音剪辑技巧。

插入和删除音频块

要制作高品质的音频，有两个主要的剪辑工作是必不可少的：剪切和插

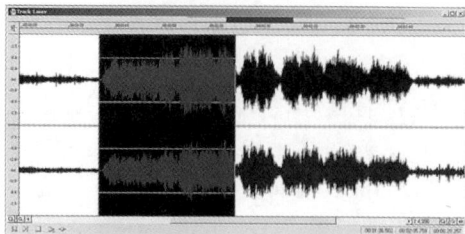

图|4－20|

并不精确地圈选一个区域

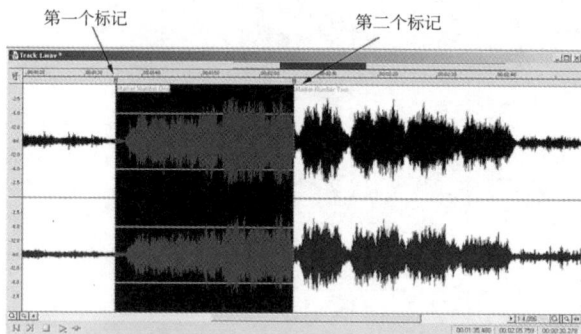

图|4－21|

利用标记圈选区域

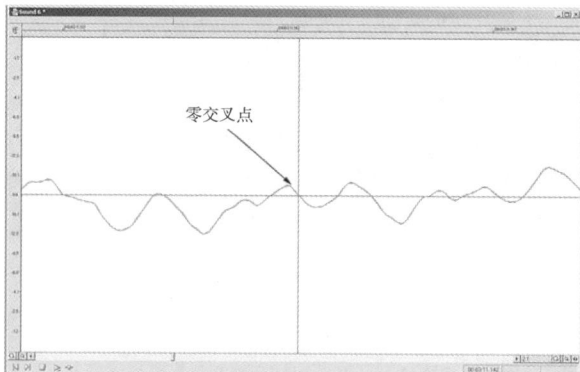

图|4－22|

零电平交叉点

入音频。

把选中的区域从文件中删除，就可以删除音频了，这可以自动完成或者可以更精确地完成。快速剪切音频块的方法是在剪辑窗口中拖动一个区域并且敲键盘上的"delete"键。如果需要考虑到精确的剪辑点，那么这个不是很有效的剪辑方法。

另一种方法是在文件上建立明确的标记，然后选中标记以内要删除的部分，再敲"delete"键。

很多程序允许你把标记调整到音频文件的**零电平交叉点**，这是声音波形与零振幅线的交点。在这些点上，剪辑的效果很明显，因为实际数据没有被中断，否则可能在回放的时候产生砰砰声和咔哒声。

这种剪辑方式对单声道文件来说很有效，但是也要考虑到立体声文件。在分立声轨的立体声文件（两轨的）中，右声道的零交叉点可能与左声道的零交叉点不一致，反过来也一样。当只有立体声轨中的某一个声道在零交叉点上时，常常能够获得好的剪辑点，听听看这样会不会听出人为剪辑的痕迹。

也有一些时候，可以稍微调整标记本身的位置以达到立体声文件两轨的零交叉点。只要是在窗口被放大了很多倍之后进行调整的，结果应该几乎就没什么影响。

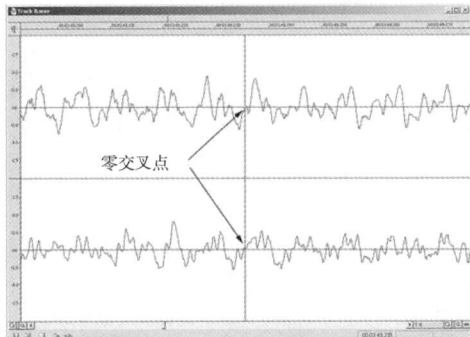

图|4 – 23|

分立于两轨的立体声文件的零电平交叉点

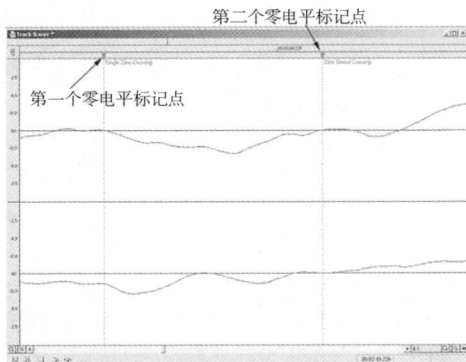

图|4 – 24|

立体声文件中的两个零电平标记点

尽管你的耳朵很敏锐，但是在高倍放大之后的微小移动是不太容易辨别出来的。

破坏性和非破坏性剪辑

在剪辑或者处理的时候，改变文件的基本方式有两种。通常当你打开一个音频文件的时候，会自动生成一个该文件的备份来保护原始文件，这允许在对原文件没有任何破坏的情况下改正一些过失或错误的判断，这种方式被称为非破坏性剪辑。当直接在原始文件上剪辑并且出了一些错误的时候，唯一能回到原来出错之前的剪辑点的方法就是"撤销"。如果撤销的缓存被用光了，就没有办法保存之前的文件了。如果原始文件没有在一个安全的地方备份，那么这个结果可能是灾难性的，这种剪辑方式被称为"破坏性剪辑"。

永远都要给原始音频文件做备份，即使你对所使用的剪辑方式很有信心。

很多专业水平的编辑器都有"破坏性"和"非破坏性"选项，剪辑文件时可以选择破坏性或非破坏性的；而一些更便宜的，非专业的软件（你看见它们就知道了，包装通常有很多种颜色），在极大程度上，是在破坏性地剪辑音频文件。如果可能的话，找到撤销的缓冲区，并把它的值设为1000。

效果

数字效果是声音设计师的救星。在数字效果出现以前，声轨上的所有效果都是通过模拟手段获得的，未经加工的声音被送往一系列模拟效果器然后再返回磁带。这个过程就即时录音而论是很耗时的，对模拟效果的及时调整也很有限。

现在的数字效果可以在文件上做出与原来的模拟设备同样的效果，这取决于你咨询的对象，总有人认为这个比那个好。问问周围其他人的意见。

一个很好的有关效果程序的经验是：少比多好。声音文件不需要被效果堆积起来才听起来更好的。当你认为你现有的音频听起来不错的时候，甚至可以减少一些效果，这或许就是你想要的声音。

以下是一些音频剪辑软件中设置的常见的效果器。

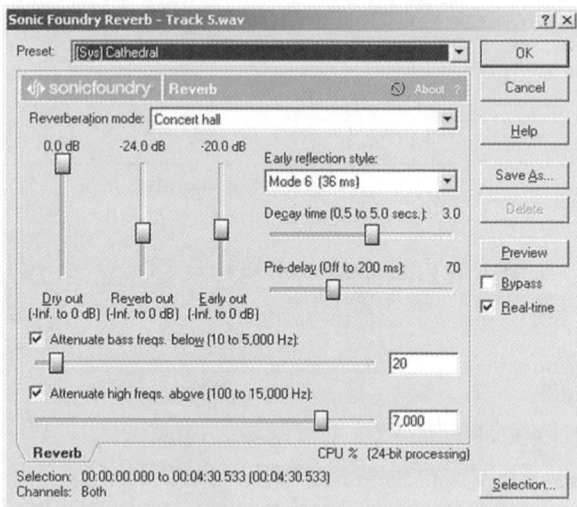

图 4 - 25

Sound Forge 中的混响窗口

果的过度使用会让人感觉多余和无聊。

混响器

混响器在数字领域中和它在模拟领域中的职能是一样的，回顾一下第二章中模拟混响器的定义。在文件上加混响可以营造一种不一样的气氛，或者它可以在关闭麦克风情况下，解决一个需要一点点混响的问题。

回声

一个简单的回声效果可以营造一种广度和深度的感觉。只有在声音设计需要时才添加这种效果，对这种效

变调/弯音

变调在需要把声音变成更高或者更低的频率时使用。变调不改变声音样本的长度，它可能会转变成一个信号，这个信号被剪掉了或者是在结尾处有一块空白音频，这取决于声音的频率分别是增大了还是减小了。大多数声音剪辑软件有取消这个选择的功能并且允许延长或缩短声音长度。

音调变化通常以半音计量，这一点是基于传统的西方音乐的平均律。有时也会给出**森特**的选项来改变频率音高。森特是以音调的百分之一大小来进行调节的，以便把声音调高或调低到一个特定频率。

噪声门

噪声门效果器已经使用很久了。噪声门基本上把在给出的阈值以下的声

音内容全部删除，它被用来清除多余的噪音、磁带嘶声和低能级嗡声。一些不够好的录音棚中总是有这些噪声。

压缩器

压缩器可以让音频素材具有专业录音水准。你可以在三个地方进行压缩：录音环节、剪辑或调整环节、混录环节。压缩器是用来使音频文件变平均的，它缩小音乐的动态范围，最安静和最响的两部分在动态上距离更近了。这意味着什么？很多音频文件，尤其是古典音乐，都包含有安静和响亮的音乐或声音章节。压缩器提升小音量的素材并压缩大音量的素材，这样全部音频都接近相同的动态电平了。就音乐来说，在广播中很多都被压缩了。专业录音中经常用到压缩器，软件和硬件压缩器都可以。软件压缩器在后期录音中使用，硬件压缩器在声音录制之前使用，并对录制好的实际声音起作用。在录音棚中硬件压缩器允许在不被破坏的前提下控制电平，没有这个，你可能会损坏一条声音。

合唱效果

合唱效果简单地增添了一种幻觉，就是当只有一个声音的时候，听起来却有很多声音。合唱效果是由一个单独的声音制造出很多声音的效果。

镶边效果/哇音效果器

镶边效果和哇音效果器制造一种连绵的或饱和的声音。很多时候，电吉他就产生可听到的某种镶边的效果或者哇音，这种效果可以为你的声音设计工作增加一点创新，但它在实际工作中应用并不多。然而，可以用它创造很多有趣的效果，尤其是声音作品。

处理

处理是效果的其他形式，它们也给声音设计师改变和加强声音对象的能力。以下介绍几个能够用来制作高品质音频的处理方法。

均衡器（图形均衡器、参数均衡器和参数图形均衡器）

均衡器主要是给音频建立了一个滤波器，预期频谱的强弱由均衡器（EQ）控制。有很多描述一般均衡器设置的预设，但多数情况下这些预设会被调整和修改。

　　多数音频剪辑软件中使用的有三种均衡器：图形均衡器、参数图形均衡器和参数均衡器。

　　图形均衡器就是一般的均衡器。它允许用户通过包络图来定义适合音频的设置，通常这些预设是用来开始均衡处理的。如果需要测量或需要特定效果，这些预设可以迅速改变均衡器设置。

　　参数图形均衡器是为选定的频率段做衰减或提升用的，由使用的参数图形均衡器决定。使用它与使用图形均衡器的原理是一样的，但是如果需要这种特性，工作流程就增加了。

　　这种均衡器通常以图表呈现出来，图表以 y 轴表示增益，x 轴表示频谱，这种图示方法可以更容易地得到最终加了均衡的声音的整个图形。

　　参数图形均衡器的一个很好的运用就是它能够把某一频率迅速地滤掉。一个 60Hz 的陷波一般被用来去除由非接地的电线引起的 60Hz 的嗡噪声。

　　参数均衡器是提到的这三种均衡器中最特殊的，它可以在一个音频文件中分别对不同频率进行调整。通常很多滤波器可以做到这一点：低频架式滤波器、高频架式滤波器、带通滤波器和陷波滤波器。这些滤波器允许对某一特定频率以上或以下频率进行衰减，以及分别对指定频率范围之内或之外的频率进行衰减或提升。

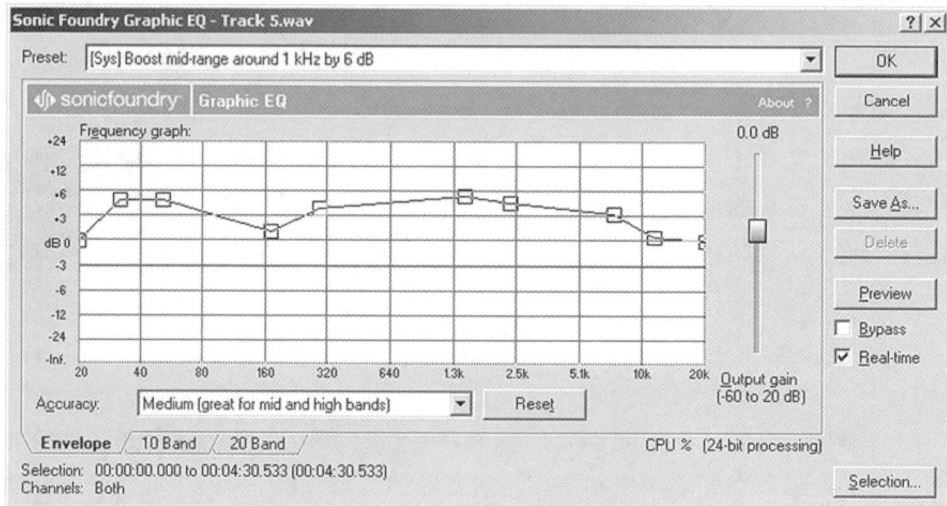

图 4-26

典型的图形均衡器的用户界面

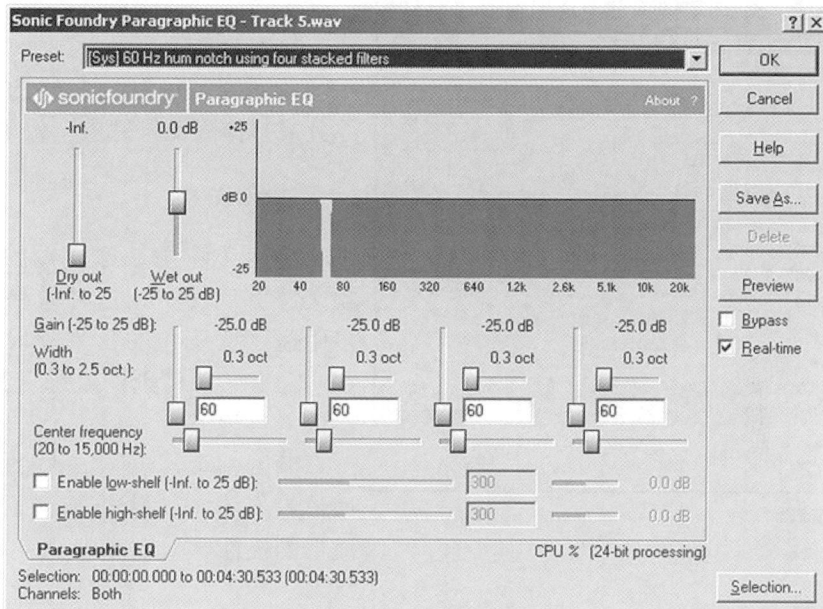

图 | 4 – 27 |

带有 4 个独立频率控制选项的参数图形均衡器

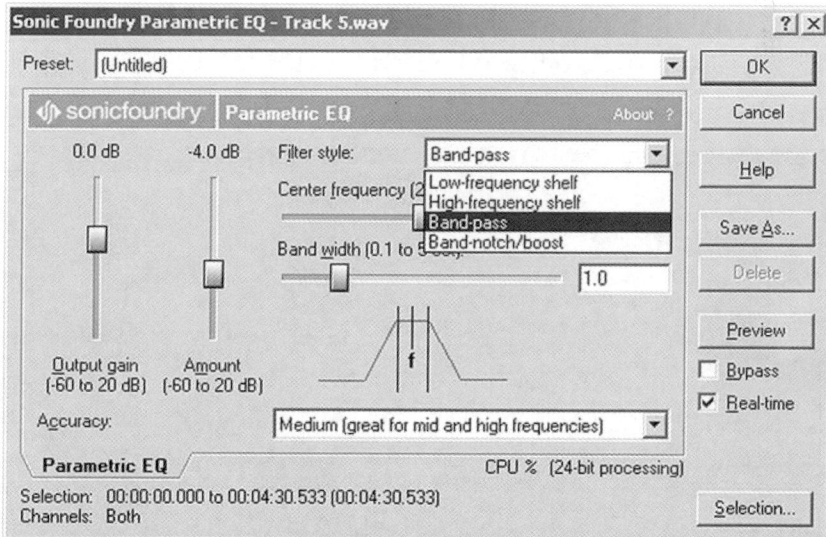

图 | 4 – 28 |

参数图形均衡器中，选择滤波器类型的下拉菜单

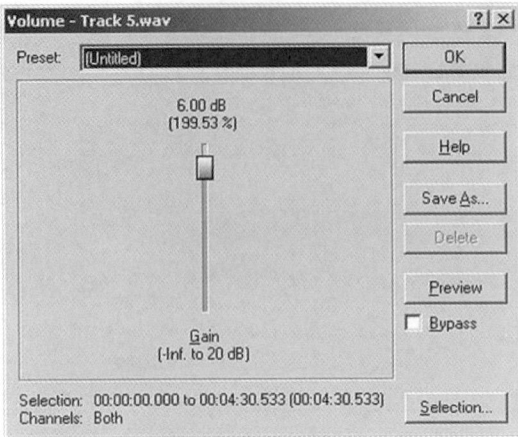

图|4-29|

音量调节器

音量控制

音量控制可以把文件的音量部分或整体降低，并应用效果。

反向/颠倒

反转文件就是这样做的：音频文件被反转了，这种效果有很多用途。把反向的音频片段罗列在一起有一种特别的效果。尝试，尝试，再尝试！

颠倒一个声音对信号的真实回放没有影响，除非颠倒了声音波形的极性。

最大化波形

最大化波形就像调节音量一样，它取波形最高的峰值并提升到用户设置的电平上，这个电平以 dB 计量。

最大化波形与压缩文件不一样。压缩的文件降低了整体的动态范围，还没有填满整个动态，而最大化波形只是成比例地增大，在规定的最高峰值处停止。

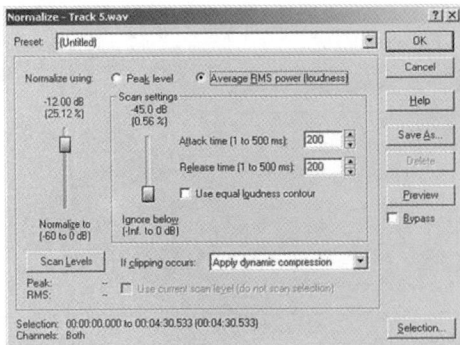

图|4-30|

调节电平比例

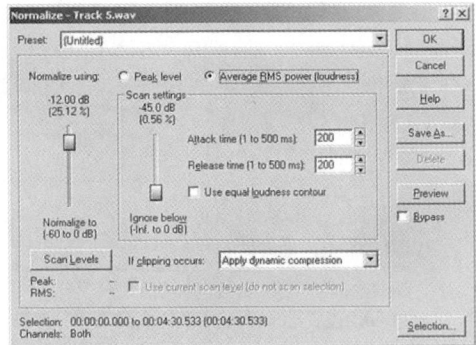

图|4-31|

对声音进行时间延伸

时间延伸

时间延伸是增加声音文件长度的处理方式。不同种类的声音软件设置的参数不一样，但通常都有三种增加声音文件长度的方法：按时间、速度和百分比。

插入空白音频

插入空白音频实际上是一个很有用的技巧。在文件中插入空白音频的方法有一种文件自然延长的效果，这种方法在制作解说词的时候很有效。当对白需要与画面进行同步时，插入的空白音频就可以被选择性地替换。插入空白音频的另一个好处就是，给对剪辑内容来说长度不够的文件加混响，通过在文件的结尾处加入空白音频，你就可以做出符合混响空间的令人信服的声音。

多轨编辑器

多轨编辑器确实是个在立体声编辑器中创造出来的素材的集合。一些多轨编辑器可以单独剪辑声音，而有的不能。总的看来，把每一条声音分别在立体声编辑器里处理是个比较好的办法。这不是唯一的选择，特别是对全能的剪辑人员来说，但这是个好习惯。

多轨编辑器的主要优势是可以把多轨混起来并把它们渲染成一个文件。多轨编辑器中应用的技术可以全程使用也可以单独使用，这对从声学上把多轨工程导入到一致的环境中有帮助。

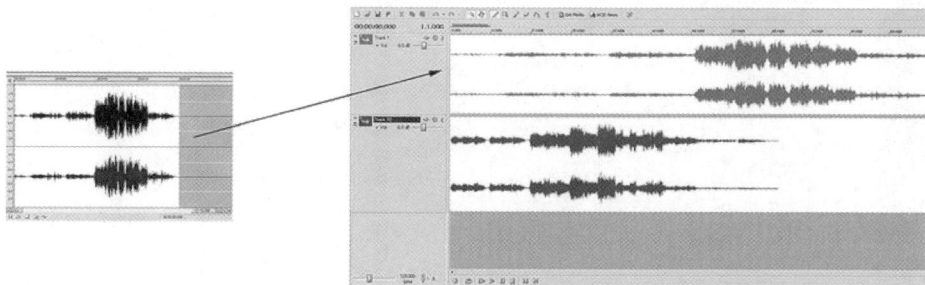

图|4－32|

多轨编辑器中导入单个文件

渲染多轨工程

"渲染"这个术语是用来把多轨工程上的所有音频素材合成在一起的。大多数时候你都要渲染成 PCM 音频格式，但是其他格式也可用。

有一点很重要。如果多轨工程已经渲染好了，那么如果你想对它做改动，不管是在终混时还是在其他步骤，你都需要回到原始的多轨工程中去做改动，然后再重新渲染。随着你的经验越来越丰富，这种情况会越来越少的。

很多多轨编辑器支持不同的输出格式。MP3 是很普遍的输出格式，因为它被压缩后的尺寸较小（特别适合网络传播使用），音质也不错。通常，同样的文件渲染成 MP3 文件的大小是渲染成 CD 音质音频的大小的十分之一。有很多可选的格式，但是要注意它们与回放软件的匹配问题，不是每个音频播放器都能识别你所生成的格式。

音乐记谱软件

当今作曲家很少把整个曲谱写出来。他们更常使用可以帮助把乐谱变得整齐的软件，使用这种软件也可以把时间节省下来让乐队演奏。市场上主要有两种软件：Sibelius 和 Finale。

Sibelius

对作曲家来说最好的记谱软件之一就是 Sibelius，由 Sibelius 团队开发，它可以达到当今作曲家的很多要求。Sibelius 自身带有的一个特征是为电影作曲标记节奏，这对游戏作曲家来说也非常好用。

图 4-33

每小节都标有时码的 Sibelius 记谱软件

除了图形记谱，几乎目前任何的作曲技术都可能实现。更有趣的一件直接与声音设计师相关的事是 MIDI 回放的能力。有很多可用的预设数据来制造总谱拷贝。一些更流行的是 Garritan 的管弦乐音色库和维也纳交响乐音色库。这些可以极大地提高通过 MIDI 还放的质量。在回放时创造一个乐谱可以产生很多种声音。总的来说，如果声音设计还有下一步工作，那么它是个很好的工具，这个下一步是对音乐和音乐理论原则的理解。

Finale

Finale 使用的时间更长并且也是这个领域中最常使用的记谱软件。以我的经验，Sibelius 是今天首选的记谱软件但是这并不意味着 Finale 就没什么用处。相反，Sibelius 有的功能 Finale 也都有，甚至 Finale 还更多。它们的区别似乎在于界面和运行方法。老实说，这取决于用户个人的喜好。两个软件都尝试一下，如果你的设备和软件储备需要这个，那么一定要使用它们。

尽管这种软件是为编曲和作曲而设计的，但作为有机的整体和音乐结构，声音设计师可以学到很多有关音频对象的知识，这是可以比其他声音设计师更有优势的一点。最后，大量的音乐理论知识和一些作曲实践会对声音设计师大有帮助。

设备

监听器的摆放非常重要。一旦你拥有所需的一切设备并准备开始工作，就该开始安排了。把所有需要连接的连接起来，测试声音质量和平衡，然后准备计划。

监听

近场监听器（目前只需要这个），应该与你头的位置一样高。因为大多数音频还音的监听工作都是坐着完成的，监听器的高度应该与你工作时坐在舒服的椅子上时头的高度一样。理想的设计是监听器应该与你形成一个等边三角形，这使得扬声器被放置在与由座位和电脑显示屏组成的中心线成 ±30°角的位置。

这些计算是根据国际电信联盟（ITU）的《775号建议》中创建的标准之一建立的。尽管这个标准是为5.1声道立体声系统所设计的，三角形的两声道立体声设计也适用这些数据。

图 4-34

双监听器与用户成等边三角形状放置

图 4-35

用于 5.1 环绕声系统的监听器

如果扬声器与中心线之间的角度远大于 ±30°，从座位的位置就会听出声音"空洞"。立体声的效果就会大打折扣，声音听起来就像是从两个位置传来的，这就无法达到塑造立体声效果的目的了。测试设备以便立体声听起来像是直接从你前方的显示器发出的一样。

其余的设备应该放置在伸手可及的地方，除非你愿意每次动一个推子或进行其他操作时都要站起来。

5.1 环绕声

5.1 环绕声的监听设备是不一样的设备。有六个单独的扬声器：五个频谱均衡、频率范围和最大功率相似的扬声器分别放置在前方、中间和环绕声道，一个次低音扬声器为低频还音设置。数字"5"代表主要的扬声器，".1"代表次低音，因此是 5.1。

所有音响的位置由 ITU 推荐。左前和右前音箱的布置与立体声的相同，中间音箱在听者位置正前方，左右两个环绕音箱约与听者的中心线成 110°角。

根据具体要求来设置环绕声系统可能有点复杂。参考网络或参见本书中关于 5.1 环绕声设计的更多细节。

总结

本章讨论了声音设计师在工作中将会需要的硬件和软件设备。我们介绍的和许多关于这些资料的其他信息来源还有很多变化，你应该尽可能多地查阅资料来达到你想要的水平。

复　习

1. 音频工作站的典型的立体声监听配置是什么？
2. 破坏性剪辑与非破坏性剪辑的区别是什么？
3. 录音棚监听器与商用扬声器的区别是什么？
4. 合唱效果对声音有什么影响？
5. 与立体声环境相比，在多轨环境下工作的优点和缺点是什么？

练　习

1. 随便录 4 段声音并且把它们组合在一起使它们听起来完全与原始声音没有关系。这 4 段声音中的每一段都不应该在最终渲染中听得太明显。
2. 把声音进行音量调节、最大化波形和压缩，并且确定出它们在视觉上和听觉上都有什么不同，后者更为重要。
3. 直接把声音录在声卡上。达到可接受的并且听不出人为剪辑的痕迹。

笔 记

第二篇

理论知识

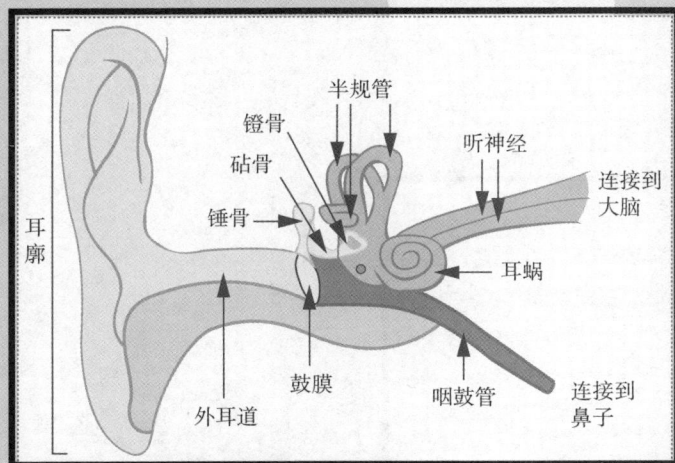

- 半规管
- 镫骨
- 砧骨
- 锤骨
- 听神经
- 连接到大脑
- 耳蜗
- 耳廓
- 鼓膜
- 外耳道
- 咽鼓管
- 连接到鼻子

第五章

声音设计相关的音乐理论

A Crescendo from mp to mf and a Decrescendo back to mp

目标

讲述声音设计师所必备的基本乐理知识

介绍

本章的目标在于提供一些为画面配乐所需的基本的音乐资料。线性和非线性音频情况都适用于这些理论，这些理论也会帮助初学者把声音与音乐段落结合起来。

声音设计相关的音乐理论

为什么要了解乐理?

乐理知识对从线性或非线性视觉内容上理解声音和音乐的效果是必不可少的。熟悉乐理不一定就能成为好的声音设计师，但是熟悉乐理一定可以使声音设计更有效地与音乐声轨合作，组成它自己的团体。了解乐理知识如何影响声音设计时的判定也会为你的整个作品增色。懂得一些音乐理论的基本框架并把它们应用到声音设计工作中，会产生声音设计的整体深度，并具有发明和创造的极大潜力。

有很多种为线性或非线性的视觉媒体制作声音效果或声音素材的方法。最简单的方法就是抓来一个声音效果，把它放到与画面相对的轨上，祈祷它有效果。这样做并没有什么价值或是创造性，但是很快速。这提出了一个很重要的问题，在声音和音乐中，没有可以在毫无损失的情况下闪电般完成的事。尽管有严格的期限和巨大的压力，但是优秀的声音设计师把大量的时间都投入到这个行业。投入的越多，声音设计就会越真实、越有说服力，不管你认为听众是否能够听见。如果你认为听众分辨不出好的或是坏的声音设计，那么你就错了。听众可能听不出声音是好是坏，但是他们欣赏由声音支撑的视觉媒体的体验会受到损失，这就能看得出来了。尽可能多地投入点时间进去，然后再付出多一点，说到底是对声音和音乐的痴迷和热情。音乐是听觉体验的必备部分，尽管为视觉媒体或电影作曲所作的音乐在本书中没有涉及，但是对声音设计师来说，理解在视觉媒体的作曲过程中涉及的名词和思维过程是很有价值的。也许对作曲的一次尝试性介入并不是什么可怕的念头，这样只会增加你作为一个声音设计师的价值。

开始听

如果你的耳朵在这方面不够敏锐，那么没关系，有很多方法来让你的耳朵适应。锻炼耳朵的一个非常好的方法就是听古典音乐。与传统观念不同，古典音乐不是抱着让大家作为催眠曲来听的意图创作的。音乐有很多种类型和风格，那为什么把它缩小到古典音乐的范围内呢？古典音乐并不是可能估计到的最窄的范围，它还包括多种风格和流派。有一些让人绝对难以置信的作品，它们不仅对声音设计过程产生深远影响，而且对所有的创作过程都有深刻的影响。我不一定是在说莫扎特或贝多芬，尽管他们献给了我们很多优秀作品。我更多要谈的是 19 世纪中期和 20 世纪的作曲，它包含古典音乐时代中所没有的很多意象。尽管贝多芬确实创作了一些基于意象的音乐，例如，《第六交响曲》中第四乐章的暴风雨，一般而言，音乐意象的观念直到19世纪中后期才固定下来，即使并没有确定为以意象为基础的印象派。

尽管歌剧是以画面为基础的，但是音乐本身并没有试图去创造那些画面，它有情节、歌手、演员和布景设计。19世纪末和20世纪初的印象派作曲家对音乐意象的理解完全正确。德彪西、拉威尔、弗雷、德利伯和许多作曲家带着绝对使命实现了这一点。像德彪西的《大海》和拉威尔的《Daphnis and Chloe》都是很优美的作品，它们激发情感和想象。

正是古典音乐中的细节使古典音乐更加有感染力，每一次聆听都能听出更多的层次。在思考一个工程的声音设计时，要考虑到这种观念。毕竟，声音设计是从微观和宏观水平上构建的，细节取决于你希望你的声音设计构建的程度如何，通常有一种以声音设计观念为基础的结构。

音乐设计理论

音乐的基本原理并不难理解。相反，如果你开始了解了一些秘密，它们就很容易掌握。音乐是一种艺术形式，它摸不到、嗅不到、看不到，也尝不到。这个抽象概念使它成为最神秘和最不可思议的艺术。通过声音和音乐传达的信息受听者主观的约束并以听者的观点为基础。声音对象，包括音乐，可以有符号学的意义。音乐的**符号学**在本书的讨论范围之外，它属于审美学领域，包括了作为记号和象征的声音的理论和哲学。理解有关音乐符号学的一些哲学会直接影响声音设计作品。

成为一名全面的声音设计师，需要了解艺术形式的许多领域。这章的所有内容可能一年也消化不了。学习是个系统的过程，它要靠练习、实验、动力和对这一学科的热爱。学习乐理的基本原理是达到声音设计师的另一层面深度的第一步。注意了！

乐理结构

起初就有了节奏——没错，是节奏。我们的祖先发出的嚎叫和哼声中总是伴随着敲打骨头或是用木棍敲打头盖骨等声音。从人类起源开始，人的心脏就发出稳定的或不那么稳定的敲击声。你胸腔里的心脏保持着你生命的节奏并且将会一直持续下去直到生命的终结。这是一种有价值的打击乐，用音乐语言来说，它对你的声音创作有微妙的影响。

西方更广泛使用的理论上的音乐实践不严密地称为传统乐理，就是以西方音乐的原理和实践为基础的乐理。

想想文艺复兴式、巴洛克式、古典、浪漫和印象派风格一直到我们现代的乐曲和电影音乐。如果你对那些风格不熟悉，不要担心，把聆听这些作品加到你的学习日程里。

乐理从理解谱曲的工具开始，那就是节奏、音调或音符。

图|5-1|

高音谱号和低音谱号

乐理基础

五线谱和谱号

基本说来，音乐被大体分为三个范围：高音区、中音区和低音区。这些范围相当于之前讨论过的频谱。高音区含有高频及以上的部分，低音区含有低频及以下的部分。乐谱用两个基本标识符来分别表示中到高频和中到低频的音乐，这种标识符被称为谱号。

高音谱号表示高音部分，低音谱号表示低音部分。还有其他类型的谱号，但现在还不需要了解这些。

谱号位于五线谱上，音符都标记在五线谱上并在五线谱上读出。低音谱号和高音谱号都有五条线，这是不变的：谱线的数量永远不变。

图|5-2|

在五线谱上的高音谱号和低音谱号

高音谱号与低音谱号的音高

每条谱线和线间空白都含有音乐语言的音符，五线谱前面的谱号表明音符在线上的排列方式，音符本身可以看成是独立的声音对象。在公认的西方音乐的调音体系的基础上，每一个音符都有相应的频率，这个体系被称为**十二平均律**。

高音谱号也叫作 G 谱号，因为画高音谱号时就是从 G 音所在的线开始。从下数第二条线上的音为 G 音。

低音谱号也叫作 F 谱号，因为两点分列五线谱中的 F 线两侧。这条线上的音称为 F 音。

图|5-3|

在五线谱上的 G 谱号和 G 音

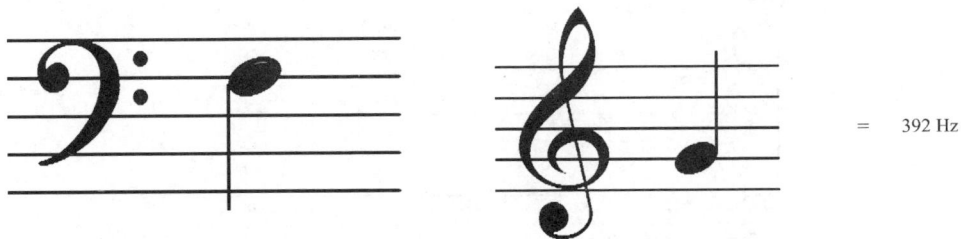

图|5-4|

在五线谱上的 F 谱号和 F 音

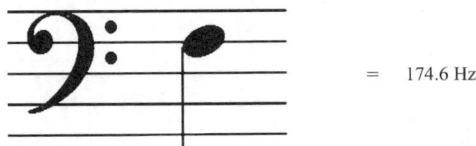

= 392 Hz

= 174.6 Hz

图|5-5|

F 音和 G 音相对应的频率

每个音都有特定的频率。高音谱号上的 G 音的周期频率大约为 392Hz，低音谱号上的 F 音的频率大约为 174.6Hz。注意 G 音比 F 音的频率高；要记住这两种谱号在音乐频谱中代表不同的音区。一个代表中音区到高音区，一个代表中音区到低音区。

西方和声学中所使用的音符用字母 A 到 G 表示，然后反复。在音乐中你所要知道的所有字母就是 ABCDEFG。就是这样！如果我们把这些字母标在五线谱上，就得到下图：

图|5-6|

包含了在五线谱内可用音符的大谱表

如图 5-6 所示，F 音在低音谱号中位于下加一间，或者更好的描述为在第一线下的线间，它在上第四线上重复，并在高音谱号的第一线间和第五线上再次重复。这些 F 都是同样的音符，但是它们由八度隔开。从一个 F 到下一个 F 是一个八度。下面来看低音谱号的第一线，线上的音符是 G 音，类似地，它又在高于它的三个八度上反复。

一个音与它上一个八度之间的音程正是较低的音的频率的二倍。

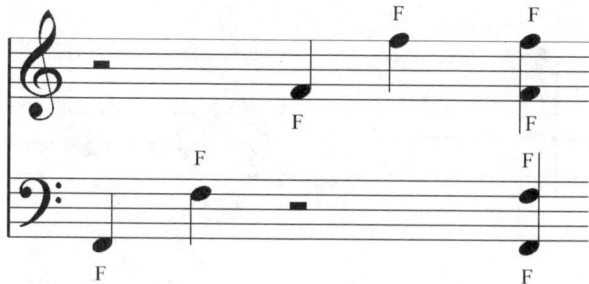

图 5 - 7

在低音谱号低音 F 之上的三个八度

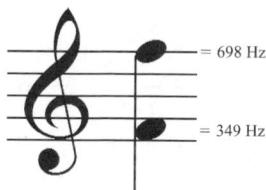

= 698 Hz

= 349 Hz

图 5 - 8

构成八度的两个音，频率是 2 倍关系

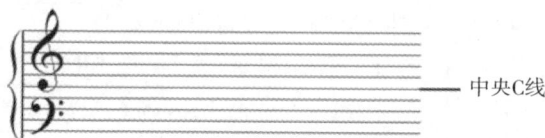

中央C线

图 5 - 9

在高音谱号和低音谱号中还有一条隐藏的中央 C 线

还有一个音没有提到：中央 C。中央 C 在高音谱号和低音谱号中间浮动。从理论上说，在两个谱号中间有一条隐形的线。

如图 5 - 9 所示，在中间加了一条线，这样就很难读乐谱了。用眼睛去辨认音符就更加费力了。事实上，在五线谱的上和下的线都是延续的，但它们也是隐形的。当一个音符需要在五线谱的上面或下面画出的时候，比如中央 C，就插入一个短小的加线。高音谱号上的中央 C 就在高音谱号的下加一线上，低音谱号上的中央 C 就在低音谱号的上加一线上。

都是中央C线

图 5 - 10

中央 C 位于加线上

这个概念可能有点不好理解。只要记住高音谱号下面和低音谱号上面只有一条加线就可以了。那如果在谱号上面有音符怎么办呢？

如果一个音符延伸到高音谱号之上，加线就一直加到该音符的位置为止。在高音谱号上面的 E 是什么样的呢？

同样的也适用于低音谱号下面的音。高音谱号的下加三线是什么音呢？

图|5 – 11|

在高音谱号中上加三线的 E 音

图|5 – 12|

在低音谱号中下加一线
的 E 音

图|5 – 13|

在高音谱号中下加三线的 F 音

如果在高音谱号下，到达低音谱号之前，只应有一条加线，那么这种情况怎么可能发生呢？在乐谱中，有时候需要在高音谱号上标出音符，这些音符在低音谱号中也可以同样记出。如上图中的 F 音与下图中低音谱号中标出的 F 音是同一个音，它们的频率相同。

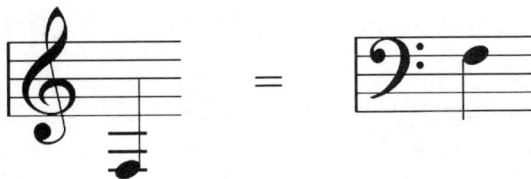

图|5 – 14|

在高音谱号中下加三线的 F 音与低音谱号中的 F 音是同一个音

如果不考虑管弦乐作曲法和配器方式，应该知道不是每一个乐器都需要演奏所有高音谱号和低音谱号上面和下面的音符。事实上，大多数乐器的音域都很窄，它们演奏的音符也都在它们各自的音域之内。

可是，有一种乐器的音域很广：钢琴。

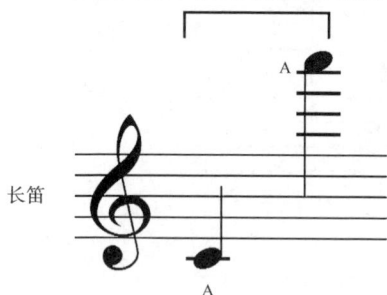

图|5-15|

长笛的音域

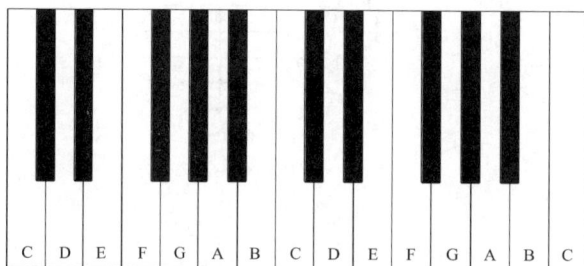

图|5-16|

钢琴的音域

图|5-17|

钢琴上的白键

钢琴通常用来做音符的视觉图，因为键盘实际就在手指下面，一幅钢琴的照片或是绘图对这种视觉图很有帮助。本章将对这一点做更详细的讨论。

现在我们只看钢琴上的白键。

钢琴上也有黑键。这些音键也是十二平均律调音体系的一部分，但是它们被一种记号影响，这种记号指示白键是否被升、降或还原，这种记号叫作**临时记号**。

升记号把基本音级升高半音，**降记号**把基本音级降低半音，**还原记号**把之前被升高或降低的音还原。

表 5-1 临时记号

名称	标记	半音
升记号	#	基本音级升高半音
降记号	♭	基音音级降低半音
还原记号	♮	还原为最初状态

与在钢琴上看到的一样，如果你从 C 开始看，有两个黑键，隔一段空白

之后又有三个黑键，这样一直反复到钢琴的两端。

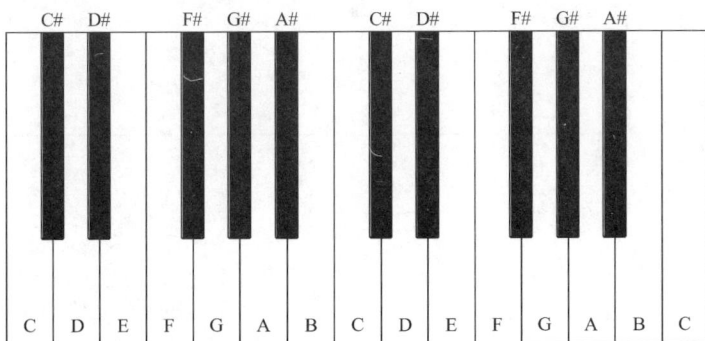

图│5 – 18│

键盘上的黑键

　　每个音与挨着它的音都相差半个音。换句话说，所有的音都以半音分隔。如果一个白键被标记了升记号，那么被标记号的这个音就应该在相应的位置弹奏。

　　高音谱号中的 A 音如下图所示：

图│5 – 19│

高音谱号中的 A 音

　　如果我们想弹奏比 A 高半音的音符，我们需要使用临时记号。升记号升高基本音符，因此升记号需要加在音符的前面。所有的临时记号都加在它们要改变的音符前面。

　　由此说到第一个**音阶**，音阶是按照一定音程结构排列的音符序列。**音程**是两个音之间的距离，例如八度，像这种音阶叫作半音音阶。它包含一个八度内的十二个音符，一旦弹奏完这些音符，重复的结构就开始了。

　　这种音阶中有一些音符的音名不同但是听起来相同，这种音符叫作**等音**。再说一次，等音听起来相同但

图│5 – 20│

标记了升记号的 A 音，#A

图 5 - 21

从中央 C 开始的半音阶

是音名不同。

降 B 和升 A 听起来是一样的。

图 5 - 22

降 B 和升 A 为等音

音名的改变和音符所在的和声有关。和声是旋律的声音基础。

一个八度包含十二个音符，如图 5 - 21 所示。这些音符是等距的，就是说一个音符与它前面和后面的音符之间的距离相等。但过去的情况不是这样，我们今天所使用的调音体系称作十二平均律调音体系，音符彼此之间距离都相等，从理论上说，没有不同于其他音的特例。

这些调音原理构成了西方音乐理论的基础。

图 5 - 23

两小节的节奏，各含四拍

节拍、拍号、小节和音值

声音与音乐的节奏是一个中等难度的问题，音量也是这个问题中的一部分。声音设计师需要对节奏有一个基本的了解，以便对乐轨进行处理计时，或者单独计算时间。

当你随着一段音乐用脚打拍子的时候，就认为你在"跟着节奏"走。这意味着什么？节拍是均等时间间隔的声音律动。现在的大多数流行音乐都是节奏鲜明的，多数人天生就会用这样或那样的方式来跟着音乐的节奏跳舞，事实上很多人都是音乐家，只是他们自己没有意识到而已。

在音乐中，**节拍**是拍子和拍号的度量表。音乐中的节拍就是一个拍子，拍子的强弱由它在小节中所处的位置而定，小节可以说是节拍的集合。

上图中的节拍是从一拍到四拍，在小节线处中止。下一小节也是四拍并且也是从一数到四，每一小节都有四拍。

你可能注意到音符的符头下面有**符干**，这些符干规定音符被弹奏的长度。

有的音符弹奏的长，有的音符弹奏的短，还有的长度在它们之间。演奏的快慢由另一个音乐参量"速度"决定。

拍号决定一小节里有多少个音符以及哪种音符单独占一拍的标识符。

有各种类型的拍号，事实上，可以做出节拍的任意组合和长度，能不能把它演奏出来，那是另外一个问题了，但你可以确信电脑能够处理很多不同的拍号和速度。

在分析拍号之前，必须要考虑到节拍。

节拍

节拍是以一个音符的分割为基础的。一个音符就是指一个全音符，一个全音符为四拍。

全音符看起来像小写字母"o"。一个全音符可以分成两个二分音符。

一个二分音符占两拍，或占两个四分音符。四分音符是全音符的四分之一，是二分音符的一半。四分音符再往下分的话，就能分成两个八分音符。

图|5 - 24|

在4/4拍的节奏中，四分音符为一拍，每小节四拍

在2/4拍的节奏中，四分音符为一拍，每小节两拍

在4/4拍的节奏中，四分音符为一拍，每小节四拍

在3/4拍的节奏中，四分音符为一拍，每小节三拍

在6/8拍的节奏中，八分音符为一拍，每小节六拍

图|5 - 25|

不同的拍号

图|5 - 26|

全音符

一个八分音符可以分成两个十六分音符。

可以一直这样分下去。一个十六分音符可以分成两个三十二分音符，一个三十二分音符可以分成两个六十四分音符，等等。

注意，全音符没有符干，二分音符和四分音符上只有符干。八分音符的符干上有一个符尾，十六分音符的符干上有两个符尾。那么三十二分音符是什么样的呢?

图|5-27|

两个二分音符等同于一个全音符

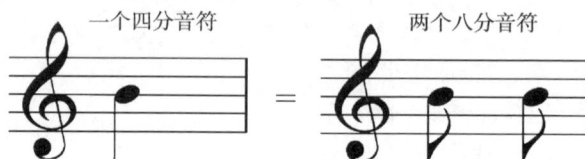

图|5-28|

一个四分音符等同于两个八分音符

图|5-29|

一个八分音符等同于两个十六分音符

图|5-30|

一个三十二分音符

图5-31 列出了从全音符到十六分音符的节拍图。

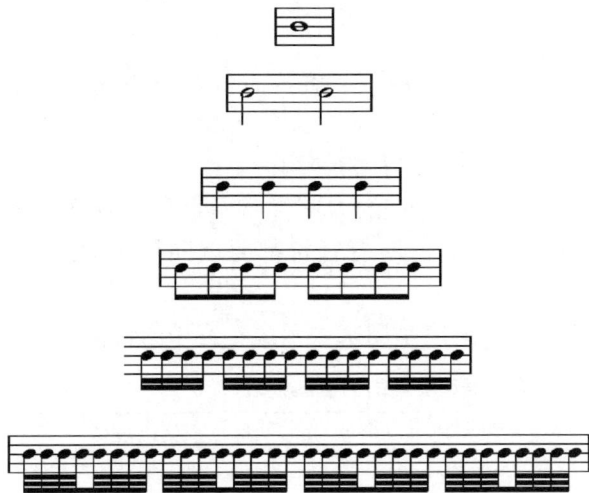

图|5 - 31|

有全音符到十六分音符的
节奏分类

回到拍号

拍号包括两个数字。上面的
数字代表小节里的拍数，下面的
数字代表每一拍的长度：全音符、
二分音符、四分音符、八分音符
或十六分音符。

图|5 - 32|

3/4 拍

3/4 拍就等于一小节里有三
拍，每一拍都等于四分音符的弹
奏长度。不要忘记数字 1 是指全
音符，2 是指二分音符，4 是指四
分音符，8 是指八分音符，16 是
指十六分音符。

图|5 - 33|

6/8 拍

6/8 拍就是每小节有六拍，每
一拍的长度都等于八分音符的
长度。

拍号、音值、小节和节拍对理解音乐的乐章来说是必不可少的。以上所
述的节拍是西方和声学的基本组成部分。节拍的概念有很多层复杂的意思，并
不仅仅是单一频谱形成的节奏，想一下它与第一章中讲到的振动的关系。所
有这些音乐概念都会逐渐地把前面学过的全部声学和数字音频原理联系在一
起，继续思考这些概念吧。

力度与速度

音乐的力度代表音乐的强或弱。很多时候，在声音的强弱方面，音乐和声音都使用同样的术语。

现今，意大利语和英语的量值表示法是最常使用的。

力度记号记在音符下面。一直按照标记的力度弹奏，直到换成下一个力度记号为止。换句话说，力度记号之后的所有音符都要以同样的力度弹奏，直到下一个力度记号再改变。

速度也由意大利语和英语表示，速度是用来表示演奏音乐的快慢。

表 5－2   意大利语和英语的力度转换表

力度记号	意大利语	英语翻译
ppp	Pianississimo	最弱
pp	Pianissimo	很弱
p	Piano	弱
mp	Mezzo piano	中弱
mf	Mezzo forte	中强
f	Forte	强
ff	Fortissimo	很强
fff	Fortississimo	最强

图 5－34

钢琴曲强音的力度变化

表 5－3   意大利语和英语的速度转换表

速度记号	英语翻译
Largo	最缓板
Larghetto	甚缓板
Adagio	慢板
Andante	行板
Moderato	中板
Allegretto	稍快板
Allegro	快板
Presto	急板
Prestissimo	最急板

速度通常标在乐谱的开始或标在速度改变的地方。

乐谱中含有很多其他的标记，以尝试准确地表现作曲家的想法。毕竟，音乐家是看着乐谱来进行演奏的。乐谱描述得越精密，演奏得就越准确，理论上来讲是这样。这个常识对音乐记谱软件也有帮助。

无人回答的夜

歌词 路易斯 G·基恩

约瑟夫·坎赛莱罗

图|5 - 35|

曲谱中的速度标注

音乐与数字

长久以来人们就承认，音乐与数学有一种密切的甚至可能是依赖性的关系。从宏观来看，回到文艺复兴及之后的时期，音阶和比例都被数学结构的美极大地影响了。从微观来看，所有周期波都产生易测量的频率。

频率均衡与传统的和声学有紧密联系。均衡的结果形成了音程关系，这些音程关系构成了大量视觉媒体中的音乐和声音的内容。频率与均衡的理念是由历史上一位希腊伟人毕达哥拉斯发现的。毕达哥拉斯想出了一种极出色的理解调和数列的方法：他以两头都悬起来的弦开始，通过对弦按比例的分割，发现了和声学。

音程、频率与和声学

上文中提到的音符是有特定音高的单一频率的音符。两个音的组合，或是连续的（旋律的）或是同时的（和声的），构成**音程**。音程是以半音度量的两音之间的距离。

旋律音程与和声音程

如图 5 - 36 至图 5 - 38 所示，每个音程都有特定的名字，都有相应情绪含义与其相连。这些名字已经定了 500 多年了。

上面讨论了半音音阶，半音音阶中的每两个音符的间距都叫作**小二度**。小二度被描述为音符之间有 1 个半音的距离。

在讲下面的内容之前，要解释一下另外一种音程。

起初只有一种音程，如果可以称作是音程的话。**同度**是相同频率的两个音的音程，想象一下两个歌手唱同样的音高。

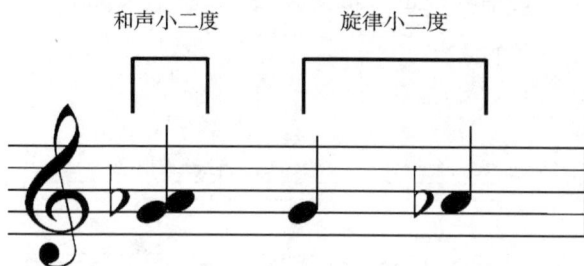

图|5-36|

小二度音程

这是最早的纯音程：纯一度。在传统和弦中有四个纯音程：纯一度、纯四度、纯五度、纯八度。它们被称为纯音程的原因与毕达哥拉斯理论有关。

图|5-37|

由两个声音组成的纯一度

组成纯四度的音符距离 5 个半音，这可以通过键盘看出来。如果我们以中央 C 为例然后往上数 5 个半音，就到了 F 音。C 到升 C 是第 1 个半音，升 C 到 D 是第 2 个半音，D 到升 D 是第 3 个半音，升 D 到 E 是第 4 个半音，E 到 F 是第 5 个半音。

通过数音阶，所有的音程都可以计算了。纯五度是由 7 个半音组成的，纯八度包含 12 个半音。

还有其他种类的音程：大音程、小音程、增音程和减音程。音程的线性组合称为音阶，垂直组合称为**和弦**。

表 5-4、表 5-5 给出了

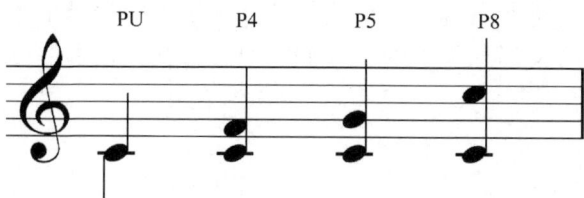

图|5-38|

所有纯音程

音程和它们的半音数。只有一个音程，6 个半音阶，它也叫作增四和弦或减五和弦，这种音程也叫作三全音音程。

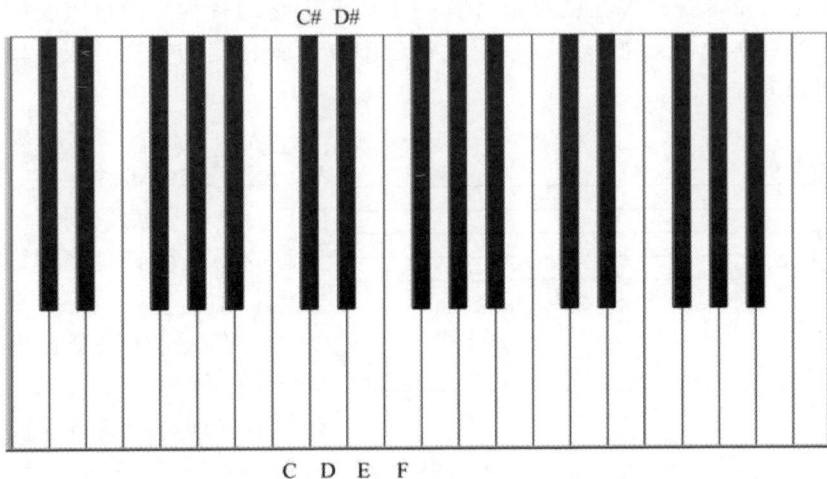

图|5-39|

在键盘上可见的纯四度音程

表 5-4　纯音程的半音数

音程名称	创造音程所需的半音数
纯一度	0
纯四度	5
纯五度	7
纯八度	12

表 5-5　音程名称和半音数

音程名称	创造音程所需的半音数
纯一度	0
小二度	1
大二度	2
小三度	3
大三度	4
纯四度	5
三全音/减五度/增四度	6
纯五度	7
小六度	8
大六度	9
小七度	10
大七度	11
纯八度	12

给出一个音符，现在就可以计算高于或低于它的音程。但最重要的是了解音程的真实声音。每个音程在视觉景观中都起着特定的作用，或是单独的或是有和声伴奏的。

图|5-40|

等音听起来音程相同

以 F 为根音的大三度音是 A。大三度中有 4 个半音，如果从 F 向上数，就数到了 A。低于 F 的小三度音是降 D，原因与上述相同。从 C 到 E 是大三度。如果我们把这个音程减少半个音，就得到小三度，这里有点不好理解。既然我们之前学过等音，那么我们也可以同样地把小三度称为增二度。

它们可以被叫作不同的音程，如三度和二度，这些原因需要了解和声意义的更广泛的知识，这一点在本章会讲到。

音程差别

理论上讲，不同种类的音程之间的差别是什么？我们已经讨论过五种音程：纯音程、大音程、小音程、增音程和减音程，但是区别在哪儿？

开始大音程被用来做基础音程。要把大音程变成小音程，就去掉半个音，反过来也成立。

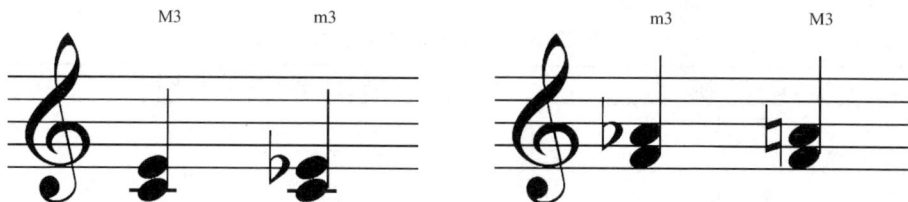

图|5-41|

大二度转小二度，小二度转大二度

要把大音程变成增音程，就加半个音。要建立减音程，就减少小三度的半音数量。增减大小音程的名字不常使用，更普遍的是增减纯音程，尤其是纯四度和纯五度。

这一点需要理解的原则是：增音程增加了两音符之间的距离，减音程减少了音程距离。

协和音程和不协和音程

音程分为两类：协和音程和不协和音程。协和音程是与一定程度上协和的音发生共振的音程。有一些特定的音程被认为是协和的（至少是根据传统实践得出）。

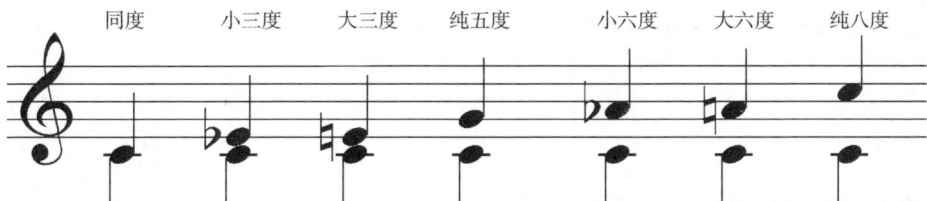

图|5－42|

协和音程

不协和音程是那些听起来不和谐的，像用小提琴中的高音域演奏的相隔很近的音程的尖锐声音或警报声。这可以与电影中的恐怖场景或紧张场面中通常使用的音乐联系起来。

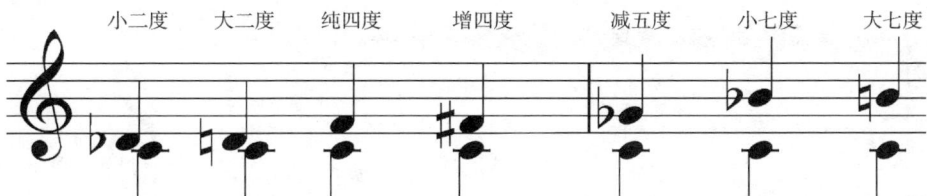

图|5－43|

不协和音程

等效频率

每一个音符，从最低到最高的可听音调，都有可以用来分析的等效频率，这些频率在音程影响下可以相互协调。

倍频程

工程中使用的音效不总是精确地与西方和声学的原则相一致，它们也不需要这样，但是在某些情况下，当需要建立音乐轨和音效轨的一种关系时，就要用一种比例把两个音效关联成音程关系。

可以用音程制造不符合传统的频率来产生同样的效果。

锁门声和脚步声可以由音程关系相互联系起来，比如纯五度的关系。由弗里德里希马·普格（Friederich Marpurg）描述的纯五度或其他音程的情绪意义可以在第六章找到。

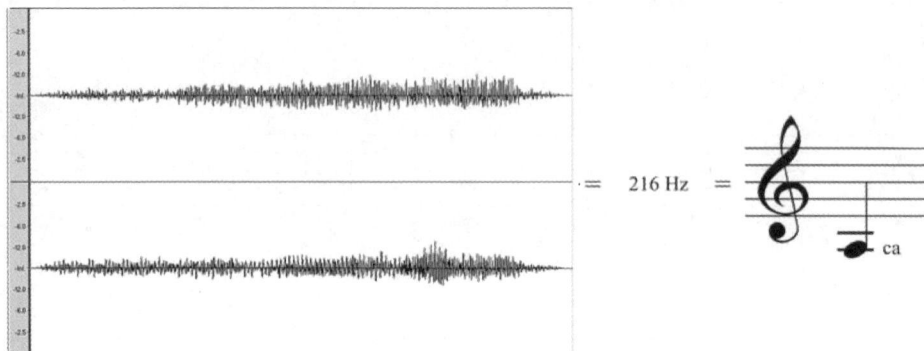

图 5 - 44

一个平均频率为 216 Hz 的声音效果

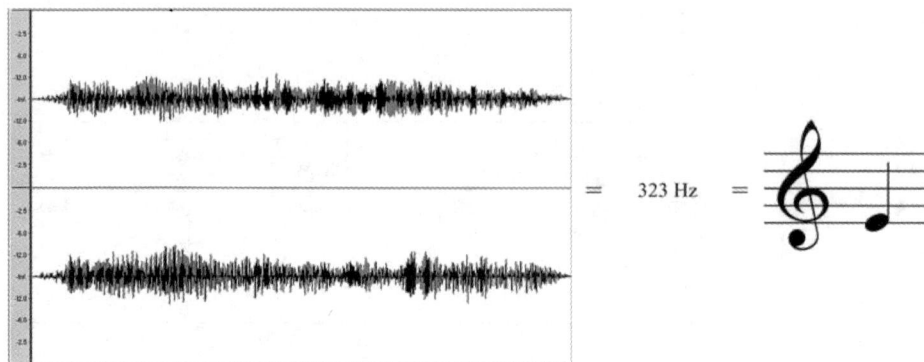

图 5 - 45

一个平均频率为 323 Hz 的声音效果

这是怎么实现的呢？脚步声怎么能包含单一的周期频率呢？它不能，但可以把它平均来得出整个文件或部分文件的基频的中心频率，这可以由剪辑软件完成，比如 Sound Forge。

但是如果动效与平均律产生的周期频率一致，那么怎样制造音程呢？由**频谱分析器**产生的中心频率可以看成一个出发点。

中心频率可以乘以特定的数字，这样会产生高于它或低于它的所需音程频率。

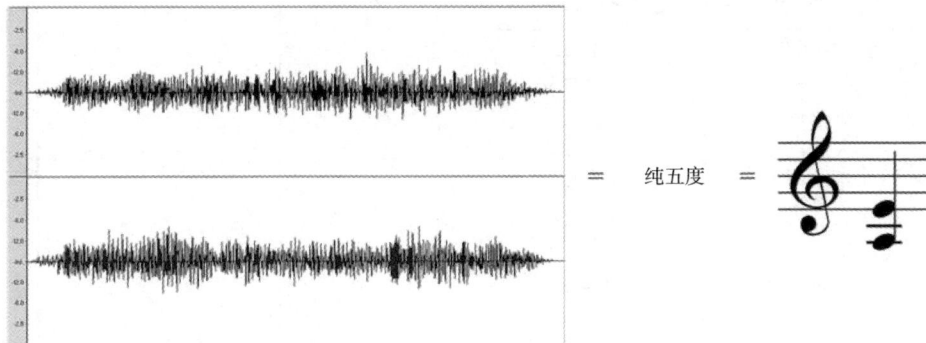

图 5－46

一个纯五度形成的声音效果

表 5－6 给出了中心频率适用的乘数。

尽管这些频率不完全等于音调频率，但还是能够达到效果。除非听者是固定音高，否则耳朵对单独的声音频率是不那么敏感的，相反，耳朵更关心它与其他声音之

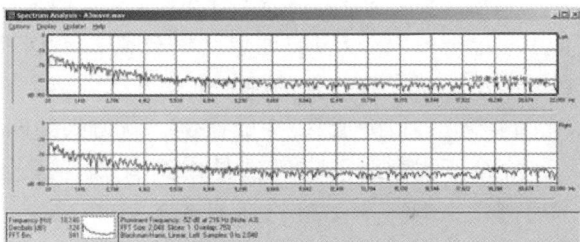

图 5－47

使用频谱分析仪可以测定出声音的平均频率

间的关系。这种关系可以形成音程、和弦、频率组或其他。而且，这里讨论的音程与和弦都属于西方和声学中所使用的音程与和弦。

和声理论（毕达哥拉斯）

音程关系起源于哪呢？第一章介绍了谐波频谱，在基频的加倍处可以找到和声学的起源。但是，这些随之产生的和声不能准确地描述西方音乐中用来产生音程和和弦的和声学。在音乐理论上，最重要的音程依次是八度、五度和四度。

毕达哥拉斯和完全音程

毕达哥拉斯，约公元前 580 年生人，开创了这样一种理念：如果把一条振动的弦分成两半，它就会产生高于开放的振动弦的八度和音。原本的弦与分割的弦的比例是 1：2。

表 5 - 6   程倍频数

音程名称	倍频器
纯一度	1.0000
小二度	1.0595
大二度	1.1225
小三度	1.1892
大三度	1.2599
纯四度	1.3348
三全音	1.4142
纯五度	1.4983
小六度	1.5874
大六度	1.6818
小七度	1.7818
大七度	1.8897
纯八度	2.0000

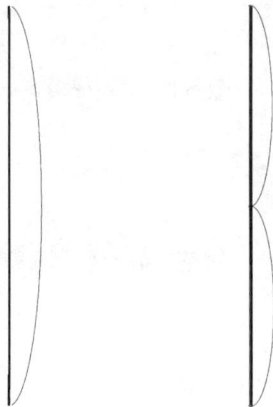

图 | 5 - 48 |

由 1∶2 的比例设计出的八度

图 | 5 - 49 |

用 4∶3 的比例，得到了纯四度

通过把弦以 2∶3 的理想比例分割，毕达哥拉斯得到了高于原始开放的弦的纯五度。

再多分一段分成 3∶4 的比例，就得到纯四度。

完全音程起源于它们都是由纯音或"理想的"频率比例产生的。毕达哥拉斯只关心这些音程，因为他和他的追随者确信数字是宇宙的终极本质，音乐和声反映宇宙的数学法则。八度、纯五度和纯四度是表达宇宙的根本结构。

毕达哥拉斯认为音乐景观分三层。第一种音乐是乐器的音乐（musica instrumentalis），或者由人们弹奏乐器或用嗓音唱出音调而产生的音乐。第二种叫作人的音乐（musica humana），它被认为是由人类做成的音乐。它确信神经系统和人类身上的所有器官都有普遍的数学关系。第三种音乐是天体音乐（musica mundana 或 music of the spheres）。

毕达哥拉斯发明了一种音阶，含有七个不同音符，包括整个八度在内共有八个音——自然音阶。

注释

据载，毕达哥拉斯很长寿。他在 90 多岁时因为激进的思想被暗杀。他死亡的确切原因还不知道，但是那个时候有一场大火毁了他的学术著作，他什么也没有留下，所有已知的毕达哥拉斯的理论和观点都来自于一些研究者凭回忆所写的短文。

毕达哥拉斯调音体系以五度为基础。如果一个根音上有一个结构与它组成纯五度，那么周期最终就会停止在开始的地方，在频率关系上会有微小的改变。从根本上说，如果你继续前进，那么半音音阶里的所有音符都产生了，但是毕达哥拉斯在构造音阶或音符组时只关心自然音阶。通过把音程增加到纯五度而建立起来的最早的七个音，可以在我们现代完好的平均律体系中标出来。如果我们从 F 音开始，然后继续向前，我们可以看到最早的七个音所到之处，包含了钢琴上所有的白键。如果这些键被认为是连续的音阶，

图|5－50|

自然音的产生

图|5－51|

如果所有乐音都被安排在同一个八度之中，这就是 C 大调

我们可以容易地创造出 C 大调音阶和 F 吕底亚（Lydian）音阶。

毕达哥拉斯把这种最早的音符分组定名为弦法调，这种特别的调式称作艾奥尼亚调式，就是今天我们所知道的大音阶。有以每一个自然音阶中的音为主音的调式，它们以希腊的地区命名，因为人们认为这些调式在那里演奏过。艾奥尼亚调式和伊奥利亚调式是今天我们所熟悉的大调音阶和小调音阶，上文中提到的吕底亚音阶是以 C 大调音阶的第四个音级为主音的调式。毕达哥拉斯大致把调式分成大调和小调两类。这种调式的第三个音的音程是大三度还是小三度，分别成为它是大调还是小调的特征。

然而，毕达哥拉斯调音体系不是今天所使用的体系。在用过各种各样的调音体系之后，就出现了十二平均律，这个体系起源于毕达哥拉斯调音体系，它每两个相邻音符之间距离都相等，也就是半音。这是公认的调音体系，声音设计师和作曲家也用这个体系。

这一切和声音设计有什么关系呢？归根结底是音程。音程在音阶和和弦中的结构，建立在音符间固定距离模式的基础上，创作出了过去 300 年左右的大多数西方音乐作品。这些结构，主要是大音阶、小音阶和和声，是当今视觉媒体的声音和音乐的基础，这包括含有声音和音乐的所有视觉媒体。

大调和小调

大调和小调是由毕达哥拉斯的最初调式构建起来的。理论上说，在现今的十二平均律的世界中，不管从哪个音符开始，这些音阶听起来都是一样的。

图|5-52|

C 大调

WWH WWWH

图|5-53|

用于生成大调的模式

图|5-54|

利用 WWH WWWH 模式生成的 G 大调

大调的结构很简单，把这个结构运用在任何一个起始音上，就能建立出以该音为主音的大调。例如，C 大调由首尾音都是 C 的八个音符组成。

大音阶和小音阶都是由全音和半音组成的，一个全音等于两个半音，半音我们之前已经学过了。如果我们把全音用 W 表示，半音用 H 表示，我们可以做出大调模式的。

有很多种描述音程与大调的关系的方法，但是对于原来对乐理不了解的声音设计师来说，以我多年的教学经验，这种描述方法是最清晰的了。

如果音阶的第一个音符是 G，再运用大调格式，G 大调就形成了。

注意到音阶里有一个升 F，这是因为音阶的第六个音和第七个音之间是全音，从 E 到升 F 是一个全音。别忘了，钢琴上只有 B、C 和 E、F 之间才有半音。

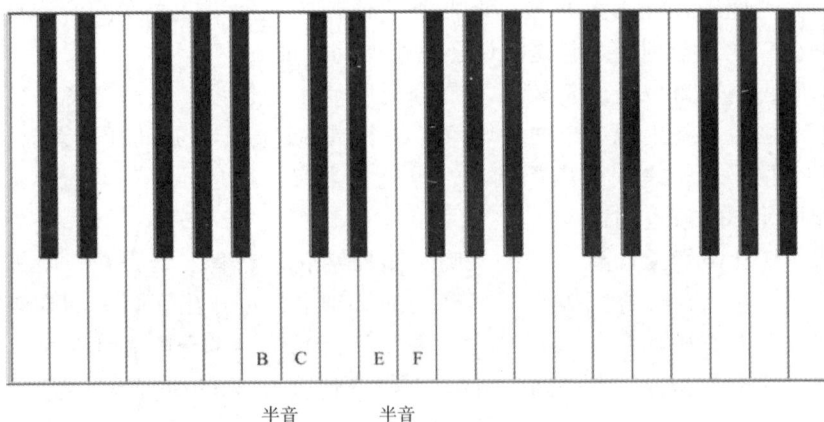

图|5-55|

在 B 音与 C 音及 E 音与 F 音中的半音

它们之间没有黑键相隔，因此它们间的距离只有半个音。

小音阶有一点不同，小调有我们今天所知的四种形式。如果你对这个理论很有兴趣，可以找到大量关于这些音阶的资料，但是我们目前只需要了解自然小调，它是以毕达哥拉斯的伊奥利亚调式为基础的。自然小调不在传统音乐中运用，但它对其他三种形式起指导作用。它更多的是作为和声设计，而不是旋律设计来运用，至少在传统音乐中是这样。

自然小调和大调都是由全音及半音构成的，但自然小调是在大调的基础上往下移了一个小三度，这意味着什么？如果我们有一个现成的 C 大调，但在弹奏时，将原本的起始音 C 往下移小三度至 A，那么我们就得到了自然 A 小调。

确切格式如图 5-56 所示。

图 5-56

A 小调由自然小调构成

任何已知的音都可以做小调的起始音，就像任何一个已知的音都可以做大调的起始音一样。

图 5-57

D 大调的调式音级

依照毕达哥拉斯的传统，每个音阶中的音都要指定一个数字，这些数字指明音阶的调式音级。

调式音级

音阶中的每个音符都有适用于它的特定数字。第一个音符为 1，第二个音符为 2，等等，直到八度音，数字是 8。这对在音符上建立关系时很重要，比如和声和旋律的构成。

因此，D 大调音阶的第 3 个音是升 F，第 6 个音是 B。

在键盘上弹奏这些音阶来熟悉它们。为了方便起见，所有大调和自然小调的音阶都刻在随书的光盘上了。

调式音程

音阶含有特定的音程关系，这使音阶变得很独特。在大调音阶和小调音阶中，第一个音到第五个音都是纯五度音程，首音到尾音之间的距离都是纯八度。如果把它分解成从音阶的主音到八度组成的音程类型，我们就会发现在大调中只能组成大音程和纯音程。

在自然小调中，则可以组成小音程、大音程和纯音程。

通过仔细观察音阶的结构和组合，可以发现大量的音程组合。这是作曲行业的一个技巧。

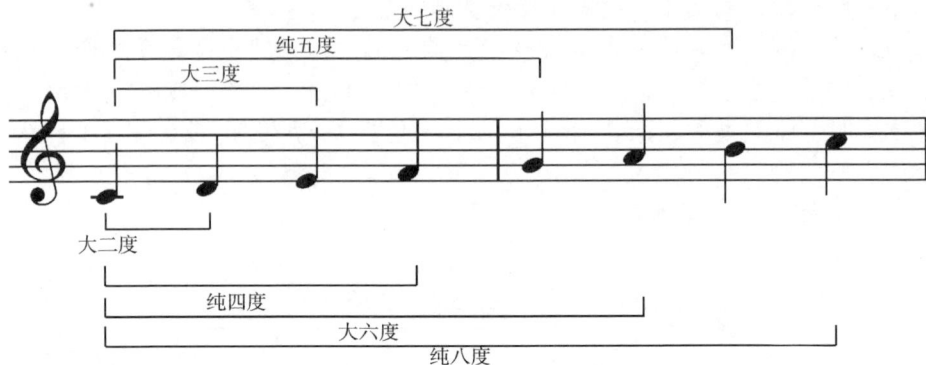

图 5-58

大调中的大音程和纯音程

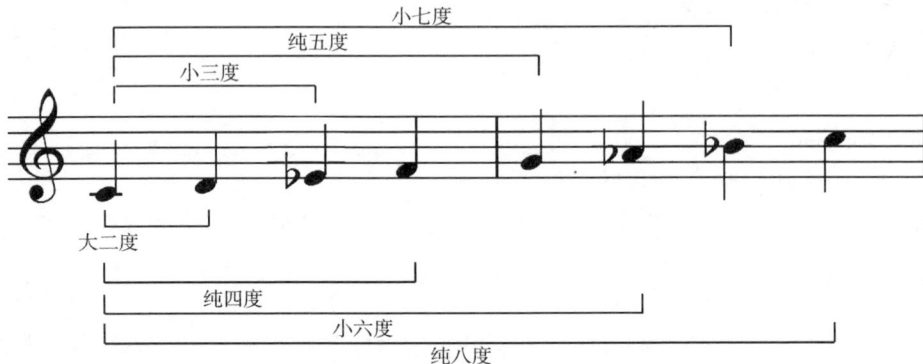

图 5-59

自然小调中的大音程、小音程和纯音程

音程的组合可以作为主题、旋律、乐句、音组以及许多其他的作曲手法。

关于音阶更多的知识可以从任何一本基础的乐理书中获得。找找这些资料，多学习一些。

和弦

最后一个要理解的部分，尽管在文中所占篇幅不多，但却是和声的结构和意义。声音设计可以被认为是声音组织，与音乐一样，因此适用于每个音符的原理也适用于每个声音。

图|5 – 60|

C 大调和弦

图|5 – 61|

包含 5 个乐音的三度和弦

三度、四度、五度和声

你在广播中听到的大多数音乐都有基于和声三度理论的和声基础。除了当代音乐和部分电影音乐之外，你听过的几乎所有和声都是以三度为基础的。比如，一个以 C 为根音的**大三和弦**，或是一个三音的和弦，是由 C 大调的一音、三音、五音组成的，或者说由 C 音、E 音和 G 音组成的。

图|5 – 62|

四度和声

因为和声是由连续的三度构建的，所以它被认为是三度的。三和弦是西方和声学的基础，由三个音符组成，尽管在 19 世纪末，三度和弦由三个以上音符组成也是很正常的。

有其他类型的不以三度为基础构建的和声结构，四度和声由四度构建，五度和声由五度构建。

这些为音乐的表达和创造开发了有趣的潜能，但是大多数音乐的基础和声音设计与音乐之间的关系都属于三度和声原则。

声音中和弦可以应用到声音作品中。很多时候传统和声学和**复调**的原则可以应用到电声作曲或其他形式的非视觉声音工作中。时间是有限的，发挥你的想象，创造出一些令人信服的声音吧。

图|5 – 63|

五度和声

小三度
大三度

图|5-64|

一个大三度加一个小三度就是大三和弦

5th
3rd

图|5-65|

另一种创建大三和弦的方式

纯五度
小三度

大三度
小三度

图|5-66|

小三和弦的创建方式

由音程构建和弦

大三和弦由两个音程组成，但是可以从两种不同方式来看。一种方式是把两个音程加到一起：一个大三度上面加上一个小三度就是大三和弦。

另一种方式是从和弦根部来构造音程，或三和弦构造中的根音。由根音构建的大三度和由此构建的大五度加起来也是大三和弦。你可以自己决定在已知条件下哪种方式最好。

小三和弦，或者由一个小三度和一个大三度相加来组成，或者由根音开始构建一个小三度和一个纯五度来组成。

在西方音乐中，大小三度不是唯一的基本和弦，还要提到两个和弦：增三和弦和减三和弦。

如图5-67所示，增三和弦由两个大三度组成，减三和弦由两个减三度组成。还要注意根音与五音之间的音程不是纯五度，而是增五度和减五度，分别对应增三度和减三度。

构建和弦不是个复杂的过程，但是在互

增三和弦

减三和弦

图|5-67|

增三和弦、减三和弦

相关联和弦的时候需要注意。在和弦音阶中，和弦类型和和弦位置有明确的联系。**和弦音阶**是以大小音阶或任何音阶中的音符为基础的和弦序列。

以 C 大调为基础的和弦音阶如图 5 – 68 所示。

图 5 – 68

C 大调和弦音阶

和弦音阶在本书的讨论范围之外，但它是了解传统西方和声实践的关键。乐理了解得越多，声音设计越有效果。

总结

本章介绍了声音设计师所需的乐理知识，研究了记谱、节奏、拍号、力度和拍子等方面内容。音程和它们之间的关系与相等的频率的对比，可以从任何一个优秀的音频剪辑软件上的频谱分析器开始说起。关于乐理，有更多的方面需要你去学习，这是你作为一个声音设计师的工作，要尽可能多地学习这个课题，因为在关键时刻它会让你有一定的优势。

复 习

1. 低音谱表中的中央 C 在哪儿?
2. 在纯五度中有几个半音?
3. 音程关系是如何影响声音设计的?
4. 和声与音程和和弦是如何联系起来的?
5. 一个大三度和一个小三度加起来是什么和弦?

练 习

1. 写出十二平均律中的所有大调音阶。要包括 C、G、D、A、E、B、F#、C#、A、E、B、F 大调。
2. 用频谱分析器把两个音效做成距离纯五度的效果。
3. 举出以 F 为根音的所有音程。

笔 记

第六章

声音设计的原理

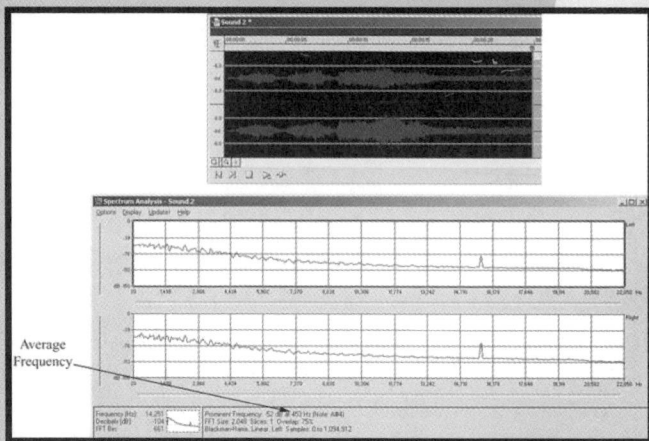

Average
Frequency

目标

声音设计理论的原则

声音设计与音乐理论之间的关系

声音与画面的心理学方面

介绍

本章为大家提供一些互动视频与线性媒体声音设计和创造的基本原理。给线性媒体和非线性媒体做出有说服力的声音设计有很多方面，不同媒体的声音创造工艺彼此都是相似的，本章展示了这些工艺的许多重要方面。

声音设计的原理

到底什么是声音设计？

什么是声音设计？声音设计对视觉和非视觉的体验来说有多重要？是从哪里开始的呢？声音效果起源于剧院。这些声音的效果在很大程度上来说是为了补充自然现象的声音，比如雷声、雨声和非舞台上的脚步声。经过一段时间，戏剧声音效果制作的技术越来越成熟，声音设计者创作出了不少有说服力的声音，而当时要用很大的机器设备，并且在现场演出时需要很大的空间。

在 20 世纪 20 年代，无线电促进了人们对声音效果的使用。起初，大多数广播剧都跟剧院使用相同的机器来制造音效。到 20 年代中期，录音技术有了很大的起步，更好的电子传声器和录音技术允许把声音效果录在录音媒体上并可以重复使用。由此创建了音效库，音效库包括户外的自然音响、车声、机械声、动物声、飞机声和人声。这简化了广播剧的制作流程，在广播时也不需要有很多音效师在现场了。

在 20 世纪 20 年代后期，声音被引入电影中，这在当时引起了很大的争论。一些评论家认为声音不是电影的一部分，电影应该是无声的。当然，在这之后不久，人们在观影时就可以听到和感受到抽象的声音了，这为声音的探索开拓了一个全新的领域。但是进入这个领域需要理解技术和美学观点，因为电影是一种线性的艺术形式，声音必须与画面同步来让观众信服。起初音效轨是在影片放映的时候，录音师现场在录音棚里录制，同步基本是靠眼睛完成。因为还不可实现多轨录音，因此，所有的效果都需要在影片放映时同时录制。这种情况在今天恐怕无法想象。

在电影中，音效轨是由很多轨层叠并混合来形成一个动态的、有机的声轨。音效轨其实是由很多不同发声物体以各种不同方式发出的许多不同类型的声音。有与动作对应的音效，它们组成了大多数与荧幕上的动作相对应的音效，并且它们通常都需要与画面同步，而背景环境声不需要真正的同步，但能够制造出环境和场景内容，背景声不应该有任何明显的干预前景声的声音。尽管现在环境声在声音设计师眼中有一个特殊地位并且比过去得到了更多的重视，但环境声轨仍被认为是背景音效。声轨中的下一层是拟音动效声轨，这就像原始的对着画面录制音效的方法，动效录音师或拟音师在画面放映时来制造声音。他们配出脚步、尖叫、咯吱声、咔哒声、噼啪声和许多其他直接与画面同步的声音。动效录音这个名字本身来源于一位叫杰克·福利（Jack Foley）（1891—1967）的人，他发明了我们今天所知的动效音响。

　　杰克·福利把所有音效都在同一轨上录制。如果正在给一个场景配音，他会从头到尾在同一轨上录制所有的音效。这是很独特的，因为很多剪辑师现在也这么做。杰克·福利坚信配动效的人要表演并且进入角色，他认为这对声音有很大的影响，这是很正确的。

　　动效声在动效棚里录制，棚里有很多类型的地面。砾石坑、沙坑和混凝土地面是一些动效棚中经常使用的地面类型。

　　需要创造出来的音效称为**设计音效**。当所需要的声音不能够自然录制或者自然界没有这种声音的时候，就需要这种音效，比如飞船的引擎声或其他未来世界的声音。

　　20世纪末，声音的设计又迎来了另一次创新。电视游戏起初就有基本的数字声音，例如，乒乓球游戏的声音。然而在90年代中期，声音成了游戏的必要组成部分，这就需要越来越好的声音和设备。比较而言，音效的制作过程对游戏和对电影来说是一样的，除非它需要一些自带的程序，声音需要预先准备以成为游戏引擎的一部分。声音程序员负责这部分内容，但是如同我们将会看到的，情况在改变。

　　现在声音设计师的工作比过去的压力更大了。主要的一个原因是人们对声音品质的关注越来越多，家庭娱乐系统逐渐向容纳至少是5.1环绕立体声的方向转变，人们听到的音频的质量越来越好。在电影中，人们期望能够听到绝对高品质的声音。在游戏制作中，音效轨和音乐轨也越来越重要，而声音质量尽管没有电影中的那么高，但也变得越来越好。近年来，游戏产业比好莱坞的电影制作机构收入总额高，这已经引起了很多关注。人们花很多的时间在游戏机的控制台并在电脑前玩游戏，声音自然而然要支持这个完全投入式的环境。高品质音频的趋势也延续到网络音频，人们对网络声音设计师的期望正变得与对游戏声音设计师的期望一样高。由于带宽的限制，这一点还没有实现，但是马上就要实现了。注意倾听吧，这一天就要来了。

现在的声音设计是什么？

　　在声音设计这个广泛的领域，要准确地描述声音设计的定义可能是很困难的，好像一切与声音有关的都叫声音设计。这根本不正确，声音设计师的工作是多方面的，这是真的，但也不能完全概括。在视频领域，声音设计师的首要工作是给声音工程创造一个整体的声音特征。

　　声音设计师在工程的前期阶段就参与其中，导演告诉他们故事情节的线索或是对声音的预期（至少他们要早点参与其中），从这些信息来制定声音景观的设计方案，有机地设计整个声轨来支撑视觉画面。整个声轨和它所有组成部分的设计，对声音设计师的工作是很重要的。通常你会完成自己的混录，并且对音效本身付出很多心血。有一点是确定的，声音设计师不止是音效制作者，这个工作比创造音效的最基本方面高端得多，而且它有自己的一套复杂的需求。每个声音工程、电影或是互动场景背后都有一个美学原则，声音是这个美学原则的一个组成部分。

无论是在线性视频领域还是非线性视频领域，提高你作为声音设计师的技能的最好的办法，就是学习在电影中要做什么和已经做了什么。以电影为例，与其他类型的媒体相比，不知什么原因，我们更能够分辨有说服力的声音环境和没有说服力的声音环境。电影出现的时间比电视、视频游戏和其他任何一种类型的活动视觉媒体出现的时间都长。为画面配上声音是由电影开始的，并且得到了极大的关注。简言之，人们创造出来的最好的声音设计就是与电影有关的。电影的声音设计的原则和理论与互动环境下的声音设计的原则和理论是基本相同的。即使非线性变得更为抽象，或者说是自发的连接，并引发各种各样的声音事件，但它始终涉及电影声音的原则。

听到了什么？要听什么？

一个完整声轨要由三个部分组成：对白、音乐和音效。所有电影声音都分成这三类，它们都分别混起来后，最终混成一个单独的文件。如果电平或效果出了一定的问题，那么单独的工程必须要重新审查和均衡。在一些更高级的操作中，可能要对所有声轨进行更大规模的混录，把它们混成一个单独的文件。

把声轨拆开

开始学习声音和画面的时候，你要做的第一件事是去听并区分影片中的对白、音乐和音效轨。过一段时间，你会发现有三个不同的声轨。在故事片中，如果混录得好，三者的分别就不明显了。总的看来，电视在声音方面有很多可以继续发展的地方，这并不是说声音工作人员不专业。相反，他们很多时候都在创造奇迹，想一想预算和时间的限制，还有有限的硬件资源。听听任何一个有笑声声轨的情景喜剧并且注意它的对白，嗓音的发声感觉与笑声声轨之间的区别是非常明显的。把情景喜剧与有主持人和观众的现场情况相比，像大卫·莱特曼（David Letterman）或是杰·雷诺（Jay Leno）的节目，观众的声音与主持人的声音总是混在一起，观众和主持人在同一个空间里，也和所有的麦克风在一起。

在电影中，这三种类型声音很多时候都同时存在。把这些声音混到一起与处理可能有问题的声音的技术，比如掩蔽和相互抵消，需要很多年去掌握，但是不要害怕，你会学得比你想象得更快。当一部电影有很好的配乐时，你第一时间很难意识到声音有多好，这是因为你并没有把配乐放在首位。一个最好的例子就是《指环王》三部曲的声音，它整个声音的力量、情感和精准令人惊叹，声音设计师大卫·法摩尔在这三部曲上颇有建树。现在去听听其中任何一部并全力关注影片的声音。法摩尔并不是唯一参与影片声音制作的人，若你看到声音工作团队规模的话，会感到惊讶的。

注意，一个声音的制作团队所需的职位不同。根据游戏和网络的原则，有的时候，团队的数量会发展到另一种规模：你自己。

表 6 – 1 《指环王》的声音制作团队

《指环王》的声音团队	
Bruno Barrett	声音剪辑助理
Ray Beentjes	对白剪辑
Beau Borders	音效剪辑
Christopher Boyes	预混师
Nick Breslin	对白剪辑
Brent Burge	音效剪辑
Jason Canovas	对白剪辑
Hayden Collow	音效剪辑
Meredith Dooley	同期录音助理
Corrin Ellingford	话筒员
David Farmer	声音设计
Nick Foley	录音
Mark Franken	对白剪辑
Luke Goodwin	对白剪辑助理
Mel Graham	音效剪辑助理
Michael Hedges	预混师
Simon Hewitt	动效艺术
Phil Heywood	动效艺术
Lora Hirschberg	二次预混师
Mike Hopkins	声音剪辑监督
Paul Huntingford	动效艺术
Mike Jones	预混师
John Kurlander	音乐混录
Martin Kwok	声音剪辑第一助理
John McKay	预混师
Polly McKinnon	对白剪辑

续表

《指环王》的声音团队	
Adrian Medhurst	动效艺术
Peter Mills	动效剪辑
Timothy Nielsen	音效剪辑
Martin Oswin	动效艺术
Hammond Peek	同期混音
Angus Robertson	动效工程师
Jurgen Scharpf	DVD 音频重新灌录
Michael Semanick	预混师
Nigel Stone	后期对白监督
Matt Stutter	声音剪辑助理
Gary Summers	二次预混师
Ted Swanscott	声音混录
Addison Teague	音效剪辑
Craig Tomlinson	音效剪辑
Ethan Van der Ryn	联合声音设计监督
Ethan Van der Ryn	声音剪辑监督
Chris Ward	后期对白录音
Chris Ward	对白剪辑助理
John Warhurst	声音剪辑助理
Justin Webster	音效剪辑助理
Dave Whitehead	音效剪辑
Chris Winter	IT 支持
Katy Wood	动效剪辑
Toby Wood	作曲工程师助理
Gareth Bull	后期对白录音
Ian Tapp	后期对白录音

从逻辑上说，工程的规模越大，就需要越多的声音工作人员，但是这并不总行得通。在开始阶段，这是个好消息。你去哪里学习这些诀窍呢？

听一些老的影片也会对你有帮助。在电影声音迅速发展之前，比如 20 世纪 80 年代前后，通常只要考虑到预算，声音就远不会像今天这样得到重视。一个像《周末夜生活》（Saturday Night Fever）或《七侠荡寇志》（The Magnificent Seven）这样的电影中的声音，就可以教会我们很多东西：对白替换、音效内容、特征以及控制最终声轨。

一旦分辨出这三类声音，就要更仔细地听。现在，注意声轨上的所有声音。这无疑会分散你对故事或情节的注意力，因此要选择一个你看过的电影或者玩过的游戏。要注意的是声音的组合，这三类声音频谱的分类和没有伴随发生的声音支撑的单独的声音，像没有音乐和对白同时存在的单独的门吱吱声。这需要一些练习，这也可能干扰到你周围的事物，基本就是，你将不会注意故事情节而仅仅关注声音。最终，这些技巧都会转化为你的独立工作。

声音与画面

音频领域和视频领域有一种明确并紧密的联系，这两者总出现在我们的日常生活中。很多时候，你认为周围的物体发出的声音是理所当然的并且注意不到它们。一个在城市街道上散步的场面就会包含上百或者上千种声音，这些是声景的一部分。但是如果你听到紧急刹车的声音，即使并不在你旁边，你的耳朵也会一下就活跃起来并注意到这个声音。这个声音没有参考的视频内容就突显出来，并被形象化了，大脑立刻会设法勾勒出与声音相关联的画面，这是在大脑对你发出警告信号，如果车离你很近的话不要被它伤到。周围的声音在那时都变得不重要了，你一听到急刹车的声音，就会想象出一个额外的声音：车的碰撞声。即使没有碰撞，耳朵也期望会听到碰撞声，而不是空白。这个有趣的现象可以被用作视频媒体中的一种声音处理形式。一个有名的出人意料的例子就是《星球大战2·魅影危机》（The Phantom Menace）中的欧比旺在行星界内被赏金猎人追捕的场面。悬赏猎人朝欧比旺的飞船发射了一枚导弹，但没有击中，而击中了一颗小行星。这枚导弹实际上是使用声波作为破坏源的声音设计。在爆炸之前，有趣的事情发生了，整个场景刹那间鸦雀无声，然后才是爆炸声。这里出现了两种情况，爆炸之前的宁静建立起了高得令人难以置信的期望值。在这种情况下，耳朵知道将会有爆炸声但是还没有准备好去听实际的爆炸声。当听到声音时，真的是预料之外和有创意的声音。场景中有两次爆炸。第二次爆炸需要的是真正调整好的声音。既然耳朵知道声音马上就出现了，它们就可以集中在整个声音事件上并且感受声音。精彩的作品！

声音设计师需要知道怎样利用耳朵并且为画面创造出声音的幻觉。在电影中，关于动效，很少能够听到银幕场景中的真实声音。用拳头打击身体的声音听起来很少像在电影中所听到的那样。电影中的许多声音大都是为了创造出对力量和接触的幻觉来补充故事情节的需要。在所有场景中，声音和画面都交织在一起。

声音意象和声音构成

理解声音影响和支持画面的一个好方法实际上是完全不用画面来工作。声音塑造或声音景观可以在声音的影响下创造意象。用这种方法做声音能够使你听得更敏锐，并且能够开发你对声音的实践技能。

人物简介

比埃尔·谢弗尔（Pierre Schaeffer）

比埃尔·谢弗尔（1910—1995），出生于法国的南锡，像许多其他电子音乐的领袖和先锋人物一样，他没有接受过正式的音乐教育。他毕业于巴黎综合理工大学，曾在法国广播电视公司（RTF）实习，这让他得到了一份作为工程师和广播员的职业。在第二次世界大战期间，他是法国抵抗德军队伍中的一员。

他很快在广播电视公司晋职，那时他仅有32岁，他说服还在德国占领军控制之下的广播电视公司开始一项新的研究，也就是由他自己指导的音乐声学学科。在广播电视公司，他有很多种可用的资源，包括留声机唱盘、唱片录音机、直接的唱片切割车床、调音台和属于录音棚的大量音效唱片库，开始声音实践。在经过讨论后，这个新的录音棚最终被命名为"Club d'Essai"。

经过数月研究和实践之后，谢弗尔被分离自然声音的可能性所吸引，由它们创造出音乐对象。这最终导致了"具体音乐"（musique concrete）这个术语的出现，这意味着声音以录制的自然声音为基础，并用音乐的背景还放。

比埃尔·谢弗尔是学习和研究电子声音和音乐领域的领军人物。1995年，他在巴黎死于阿尔茨海默病。他被人们纪念为"声音的音乐家"。

幻听声音（acousmatic sound），是由比埃尔·谢弗尔创造的术语，是指看不见可识别的声源的声音。

幻听声音可以由自然事件的原始录音或没有特定内容事件的录音制造出来，把它留给听者去关注声音本身，而不必把它们联系到某物体或信息上。

声音构成是把声音以一种方式组织起来的声音集合，为了表达故事情节、背景或其他任何形式的内在情感。如果这听起来像音乐，那么没错。音乐就是以这样的方式组织音符来构造的，以创造出音乐美学，即使这种美学仅限定于音乐本身。在20世纪，音符和它的结构有很多变化或缺少，基本在结束的时候，组织的音符还是保留不变。可以想象，作曲以及有机地组织声音成了一个巨大的学习领域，它能够展现关于如何为你的工程组织声音等许多事情。

为了创造声音构成，我们需要声音素材，最好的方法就是所有的素材都要原始录制。考虑到声音质量，这样做会得到最好的结果，但是对初学者来说，用音效库就可以了。声音构成不是凭空创造出来的，它们需要某种计划，毫无目的地收集声音就像没有计划地盲目尝试。想想简单的事吧，如睡醒后去你的工作站开始做新的声音构成，这个简单的场景可以带来很多有趣的声音事件。字面的解释不是很有说服力，尽管它本身也可能创造意象。想想这个过程：一个人起床，喝点咖啡来提高心率，提升对创造的兴奋与期望，等等。要变得有创造力，同样的脚步声和床的嘎吱声是不错，但这仅仅是表面。让听者注意听实际的声音，而不是声音本身所表达的意思。

这个创造性的实验是由处理和操作为声音片段收集的音频素材完成的。通常未经过处理的录音或音效库从来不会不经某种处理就放到声音片段里，而一旦它们被放到声音片段里，它们就已经被专业录制了。

时间是你要关注的，但是要记住持续的声音对听者的影响。耳朵会疲劳，就像大脑一样。从一段 3 ~ 5 分钟的声音片段开始，要有条理并且耐心地工作，要记住，"已经够好了"这句话是不存在的。你在等什么呢？开始工作吧。

声音对画面的影响

声音直接加深画面的影响。这两个独立的实体结合在一起，创造比它们各自更有价值的东西。把一个电影中的紧张时刻片段声音调小，电影的感觉马上就变松懈了。我们从视觉上感知物体和从声音上感知物体的方式的差别是很有趣的。当我们不想看到一些事物的时候，我们就会闭上眼睛，这可以使我们看不到我们不喜欢看的东西。耳朵就不一样了，我们不能把耳朵闭上，它们总是来者不拒。

我们的耳朵有能力感知声音之间的比例。八度就是耳朵能够识别的比率，而眼睛感受不到光的比例，光混在一起的时候眼睛不能界定出光的频段，第五章中所讨论的音程和和弦就是一个例子。如果我们感觉混在一起的声音的方式与我们感觉光线反射的方式一样，那么也就没有音乐可言了。

它们聚焦的范围也不一样。你的眼睛聚焦在直接展现在它们前面的一个点上，你的周围视力是模糊的。当一个物体进入视觉范围时，眼睛马上把注意力集中在它身上，不是通过看其他东西感觉到的，而是这个物体。耳朵是

图 6-1

耳朵可以直接察觉声音，眼睛不具备这样的能力

没有方向性的，能够听到脑袋周围的声音，并具有一定的准确性，对声源位置的整体感觉即是听觉的深度感。

画面存在于空间中。它们自然地占据空间并且需要一定的时间来传送信息或是它们表达的内容。声音只存在于时间中。为了感觉声音，需要空间使声音进行压缩和扩张。你可以说视觉与听觉是截然相反的，这也可能是它们合作得如此之好的原因。

叙事性的画内音和画外音

在所有可能被认可的声音的频谱范围内，电影中基本有三种声音参数：**画内音、画外音**和**非叙事性**声音。**叙事性**声音是屏幕上所呈现的并且是故事情节中直接交流的一部分，同样也适用于互动的情况。叙事性的画内音比如有人在说话，并且你能看见他们的口型，或画面上的火车的声音。同样的火车声也可能是画外音，你在画面里根本看不到火车，但是它也是故事情节的一部分，这叫作叙事性画外音。画外音可以进一步分成两类：**有源和无源**。无源的画外音是那些营造环境和空间感的声音，它们也起到连接剪辑点的声音桥梁的作用，因此把声音的过渡变平滑了；有源画外音勾起人们对声源本身的好奇，当听到门铃声时，就会很自然地想看看门外是谁，这被认为是有源的。

非叙事性声音

非叙事性声音是存在于画内故事情节之外的声音。基本是角色听不到的或者不是故事情节中的事件产生的声音。音乐和画外解说就是非叙事性声音的例子。米歇尔·谢昂（Michel Chion）在他的《听觉－幻觉》一书中提出了一个有趣的观点，当考虑到像电话里的声音、背对着摄影机的人发出的声音等情况的时候，电影声音不只包括三个领域。这些观点直到今天还仍在被人们讨论。它们创造了可供研究的完美的声音领域，但还是大致归结为声音和画面的三个基本方面。

我们讨论过的声音的这三个领域都归为一个简单的类别：**声带之中的**（On－track）。电影声轨上的所有声音都可认为是声带之中的。**声带之外的**（Off－track）声音是假想出来的而不是在影片中听到的，像前文中提到过的撞车的声音。另一个例子就是当一个人与别人交谈时，我们只能听到一个人说话。被其他声音掩盖了的声音也被认为是声带之外的，由此声音被人们假想出来，但人们听不到，因为一些其他更响的声音把它掩盖了。这也被称为掩蔽。

同步与假同步

尽管同步的处理主要是针对线性媒体的，但它对非线性、虚拟空间也有很大影响。

同步是把声音与画面动作结合起来的过程。关门、气球爆裂、汽车鸣笛都是与视频对应的同步声音。声音同步的效果创造了一种日常经历的真实感。但即使是在我们周围的自然环境中，也不总是同步的。自然原则的物理定律，如第一章讨论过的，声速比光速慢很多。因此，如果声源和听者之间有足够的距离，那么声音与画面就不会同步。有时候场景需要同步，而有时并不需要，这实际上由制片人、导演和影片或工程的决策者决定。

把声音与画面同步遇到的实际问题是，这个效果应该表现真实情况还是要创造表现出来的真实感觉，这由声音设计师来做选择，然后看决策者的意见。

假同步也用于线性视频媒体。如果同步点被另一个项目遮盖住了或是在场景中被剪掉了，假同步就产生了，这种情况出现的频率比你能想象到的更多。当一场戏到达高潮的时候，耳朵也有所期待。如果这个预期不在画面的高潮处，那么假同步就产生了，就在影片的主题或镜头转换时解决。想象一下在第二次世界大战的空战中飞机被击落的场景，摄影机的视角在驾驶室里，随着飞机下降，我们看见飞机越来越接近地面，这个预期就是将会有某种爆炸声。当快到这个撞击的时间时，场景切换到火车经过炼钢厂的画面。爆炸声和火车的声音，再切换到火车的剪辑点上，同时制造了一个释放和过渡，但是并没有飞机坠毁的画面，这可以做出一些有趣的效果。作为一个声音设计师，你要把这些想法告诉艺术总监或电影导演并设法保留它们。

在非线性空间，像游戏和虚拟空间，同步就有了不同的含义。游戏进行中，启动装置组规定了同步点，存储区标识符设置在多变的音乐和声音强度下。当第一个人的透视图向前移动时，你可能会听到脚步声。当你在游戏空间开了一枪时，扳机已经为你准备好了，这样当你虚拟地扣动扳机时，一个尽可能与你动作同步的枪声就出来了。大多数新机器都能够处理音频，但是如果数据量太大，就可能会发生阻塞，或是同步上的延时。换句话说，声音与画面不同步，之间产生了间隙，也就是说，此时传送由动作或移动而产生的声音是由你的电脑来负责的。

互动环境需要声音设计师考虑线性和非线性两个方面，但是当实际创建声音部分时，也有同样基本的设计方法。

空间的考虑

制造空间感是声音设计师掌握的手段之一。大空间与小空间听起来是不

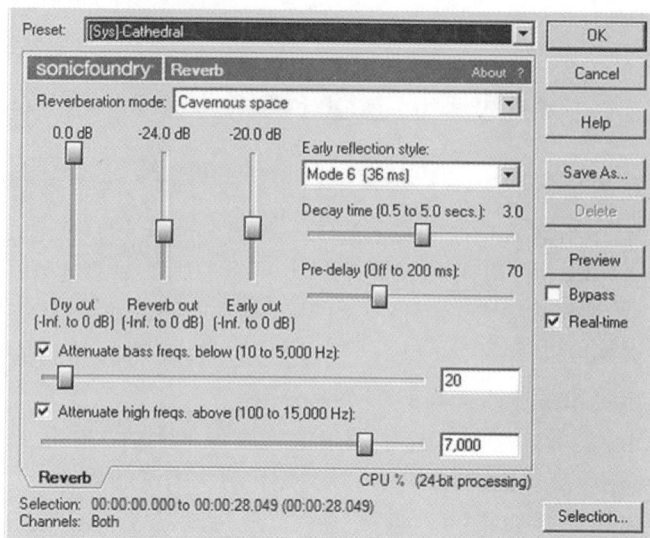

一样的。瓷砖和硬墙壁与挂了毯子的、白灰墙质地的房间听起来都是不一样的。

距离的远近可以通过使用混响、回声和某些使声音听起来像发生反射效果的滤波器制造出来。很多软件的模拟器都可以制造出空间效果，但是它们主要处理加在声音上的混响数量。混响加得越多，空间和混响就越大。当然也有例外，比如混响不是很大的大空间，像大的办公室或是管弦乐录

图│6 - 2│

典型软件中调节混响的窗口

音棚。

　　依次解释图 6 - 2 上相关的一些术语。注意这里有三个滑动调节钮：直接信号输出（Dry out）、混响输出（Reverb out）和延时输出（Early out）。直接信号输出是指混入输出信号中未经处理的信号的数量或电平；混响输出是指混入输出信号中经过处理的信号数量；延时输出是指混入输出信号中经过处理的前期反射声。前期反射声是在空间中听到的最早的反射声，通常这是第一次反射声，它可以让听者对他们目前所处的空间有明确的概念。很多情况下，前期反射声是遇到表面反弹一次就进入你的耳朵的声音。回声可以制造更大的空间效果，通常是室外的声音，如大峡谷的回声。

　　混响、回声、均衡，加上环境声，几乎可以创造出任何空间效果，或者至少是进行过测量的空间。

声音的质感

　　从声音可以感觉出物体的重量或质地。敲击一个薄的玻璃的声音给你留下轻的玻璃发声的印象，而敲击一个厚的玻璃的声音可以代表重一些的玻璃物品。但是决定这种情况的是用来营造这种感觉的频谱。较低的频率代表较重或较厚的物体，高频代表轻薄的物体。然而，这并不是固定的。很多种频

率一起组成声音对象。它们并不是规则地分成高、中、低频的范围。

有必要调整均衡以便改变频谱的轮廓，来满足画面和整个混录的需要。

声音由它们的声学特性来命名：水声、风声、树叶沙沙声、脚步声等。它们都有某种特性。这些结构和特性可以被录制，或者通过使用一些富有想象力的录音技术或处理创造出来。

声音结构对模拟环境或可见物体来说很重要，反过来也同样适用。与明确的可见物体相对立的声音会产生一种可笑的或讽刺的效果。

把注意力集中在耳朵上

通常在电影或游戏场景中都是很多声音同时发生的。把注意力集中在耳朵上可以说是个取巧的建议，但它是可取的。集中精力去听一个场景中的声音的普遍方法是，在头脑中把周围环境效果减少到代表故事行动的几个基本声音，从摄影机的视点来思考声音。听点（Point of Audition）（译者：相对于视点来说）是听者要注意的焦点。有创造性的一点是，很多不同的声音都可以作为听觉的焦点，这为发明和创造敞开了大门。在单声道影片中，摄影机的角度、变焦和全景拍摄可以对声音焦点产生直接的影响。在互动式空间中，特定的声音可以把参与者带入虚拟空间，这里实际上是他们永远不可能到达的地方。过道门上的抓痕吸引玩家去调查，不是门自己请求被打开的，而是声音引起了人们想要打开门的好奇心。线性和非线性画面的声音可以有不同的意图，或者是通过在虚拟空间中引出行动，或者是通过在影片中产生反应，但是声音本身在技术上是用同样的方法创建的。如果要开始关注声音，那么就要参照其余的声轨或者单独的音效来分析它的频带。有了这个认知，你就可以在文件内部强调比其他声音突出的或是被处理得更明显的声音了。

沃尔特·默奇（Walter Murch）阐明了他的观点：在单独的一场戏中，人们只能同时听到并理解两种声音。作为声音设计师，要牢记这一要点。在互动环境中，没有场景可言，但是仍旧遵循同样的原则。例如，你正在一个虚拟的走廊中移动，你的脚步声就被认为是背景声，在你前面咆哮的怪兽和你身后的风声组成了两种主要的声音，如果又出现了一个明显的声音，耳朵将不得不在这两者里先去听那个在虚拟环境中最有影响的声音。当你听声音的时候考虑一下这一点。

声音随着画面内容变化，在电影或是交互环境中都可能是这样。如果处理得当，画面上的声音效果和影响力都可以让人感到震惊。声音设计师必须考虑所有可用的方案，并和艺术总监进行协商，得到他的建议和认可。低估声音对画面的力量正是业余和专业之间的区别。

电影和虚拟互动环境（如游戏）中的声音和画面的例子都要学习，注意发生了什么事，选择一个有趣声音的游戏，比如《毁灭战士3》，用所有的作弊器来过关，不在游戏本身花太多精力。"听听"游戏空间发生了什么事。然后再玩游戏，看看声音在游戏中起了怎样的作用。要注意的是，声音的质量、声音的位置和它们是否令人信服，注意是否特殊的声音比其他的声音对画面的影响更大。祝你玩得开心！

耳朵

要想支配听者，了解一些对声波作出反应的器官会有所帮助，这个器官就是：耳朵。

耳朵有两个功能：保持身体的平衡和接收声压波并把它转换成大脑能够识别的形式。

耳朵是一个独特的器官，因为它一部分在身体外边，一部分在身体里。耳朵的外部叫作**外耳**。外耳含有脊状纹路，它主要接收进入耳朵的中频到高频的声音。无独有偶，这大致与人声的范围相同。外耳也有定向功能，人周围的声音可以被耳朵分辨出来，人耳可以通过对声音的共振特性的细微差别辨别声音的位置。一旦声音经过外耳，它就向外耳道移动。外耳道的职能像是功率放大器，声音信号的强度被放大到足以使耳鼓或耳膜震动的级别。外耳道的直径大约有1厘米，长度约2.5厘米。在外耳道的末端是耳鼓或鼓膜。所有这些部件组成外耳。

中耳是外耳和内耳之间密封的腔体。耳咽管从耳朵通往咽喉，空气必须能够在耳咽管中移动以平衡耳鼓两侧的气压。如果耳咽管中的大气不平衡，耳鼓就会膨胀，这种情况在乘飞机飞行时常有发生。吞咽的动作临时平衡气压，就是我们熟知的耳朵"发堵"的感觉。三块骨头组成的杠杆系统把声压波转换成机械能，这三块骨头叫作锤骨、砧骨和镫骨，这些都叫作听小骨。

锤骨与鼓膜相连接，鼓膜接收声波的振动。这种能量使听小骨运动起来，在镫骨处结束。镫骨与卵圆窗相连，卵圆窗是内耳的分界面。此处信号又一次被增强以使卵圆窗运动起来。内耳中有液体，至少需要一定的振动能量来产生声波。

一件关于中耳的趣事是它长有防备大声级的保护机构。当音量变得太大时，中耳中的肌肉会收缩。

这个收缩把骨头都挤到了一起，因此它们不能振动太大，这就降低了到达卵圆窗的机械能的强度。当肌肉觉得疲倦时，它们就会放松，那个时候可能就会损害听力。这个过程比我们这里陈述的要复杂，但是我们应该对它的工作流程有个了解，耳朵是很了不起的。

内耳被身体里最硬的骨头——颞骨包围着，颞骨内部有很多小渠道。颞骨的中间是耳蜗，耳蜗的形状像蜗牛壳，展开大约长3.5厘米，不展开与你的小指指甲长度差不多。耳蜗里面是基底膜，基底膜根据外耳接收到的频率振动，然后把它们传递到听觉神经。松散地连接在基底膜内部的是柯蒂氏器，它包含大约2万个毛囊。耳朵接收到不同的频率就会相应的影响不同的毛囊，这会使基底膜移动，从而去分配特定的毛囊或毛囊团给不同的频率。听觉神经纤维不直接到达听觉皮层，它们混在一起，然后途中停在不同的位置进行加工。大脑中的信号标识符以及大脑如何把声音加工成可识别的对象的方法不在本书的讨论范围之内，但它仍然是一个有趣的题目。

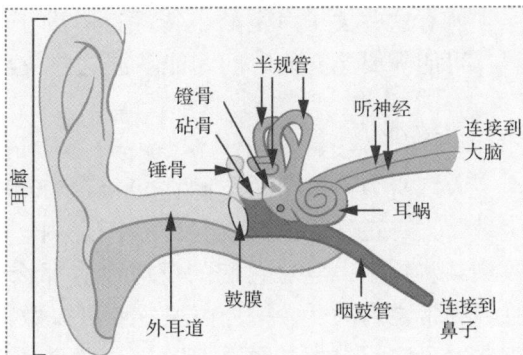

图 | 6–3 |

人耳图示

如果你想保持敏锐的听觉，保护你的耳朵很重要。长时间地接触大声级声音会导致永久性的听觉损失，例如，在机场户外工作的人没有佩戴合适的头盔，工厂工人也有因噪音污染导致听力损失的危险，甚至耳朵接触了几次很大声级的声音也会有损害，所以小心对待你的耳朵。

声音事件的物理效应

声音可以对人的生理机能产生很大的影响。低到65Hz左右的低频通过共振直接影响身体的较低的部位，如腿、骨盆、臀部和腰部，这对身体特定的生理中枢和情绪中枢产生影响，比如对生殖和消化器官产生影响，在用声音图谱工作时要记住这一点；中频影响身体的中间部位，尤其是胸腔的中部和上部；较高的频率影响更靠上的部位，直到颈和头部。当你为声音定位并创造声音时，这些情况都可以用到你的声音设计里。

声音也可以影响体温、脉搏率、呼吸和汗腺。一种不能闻到、看到或碰到的东西怎么能产生这样的生理作用，这让人感到很诧异。柔和宁静的音乐能够降低心率、体温和血液循环，而大声的、节奏强的音乐则相反。声音设计师可以尽情地利用这些细节，但要随场景而定。

所有这些关于声音的小特性都有助于完成整个有机的、让人信服的音效轨。可能需要花一些时间才能掌握这些技巧，但是慢慢就会了。

灵敏度

人耳听力最敏感的范围在2000～5000Hz。临界频带是人耳反应最灵敏的区域，人声正好处于这个频率范围之内。在这个频带之外，尽管耳朵能够接收到某些频率，但对它们的反应没有那么明显。了解了这一点，如果声音在临界频带之内的话，按人声混音就可以做得很熟练了。为了让人们听到声音，需要突出它们内部的某些特性，但不能干扰对白轨，除非要求你这样做。仔细考虑声轨的清晰度问题是很必要的。

声音的感知和感觉

对于声音，最有意思的一个体验是声音对视觉感知的影响。在我们体验某个多媒体事物或是看电影的过程中，我们实际上参与了很多种听觉模式。身体对声音的反应在视觉媒体中也扮演着很重要的角色。虽然相关的知识涉及范围很广，但领会声音的感知与感觉的基本概念还是非常重要的。

听觉模式

米歇尔·谢昂著有四本声音工作者必读的有关电影声音方面的书籍：《电影中的人声》《电影中的声音》*L toile trouvee*：*La parole au cinema* 和《听觉－幻觉》，按照他的说法，有三种不同的听觉模式：**因果模式**、**语义模式**和**简化模式**。因果模式是最常见的，这种听觉模式要求听者听到一个声音，并从这个声音估计出声音的起因和声源是什么。一个听出声源的声音的例子是用手指在厚书上轻敲的声音，能够听出是厚书的声音，并且能够确定书页本身厚不厚，在一定程度上或许还能听出书的新旧。看着实物听就会很明确，看不到实物，听者就需要一个由毕生听觉经验总结下来的声音目录。因果模式在一定范围内是非常精确的。这个范围可以由人类识别声源的能力来解释，但并不限定它，比如狗吠声。虽然可以识别出这个狗吠声，但狗的种类就不一定听得出来了。另一方面，人的声音是很好识别的，也能够准确地估计起因。这能够得出一个结论：因果模式有两类——特有的和普遍的。

声音设计师不应该低估因果模式的效果。它可以被用作误导人的手段，误导听者。

语义模式，按照米歇尔·谢昂所说，是指翻译信息的编码或语言。最常使用的编码就是口语。这种模式非常复杂，长期深受语言学家的推崇。语义模式的原则是音位的确定和在传递可懂信息时它们的发音变化。

简化模式是指不含有任何含义和起因地去听声音，声音作为独立的对象，这是被称为电子音乐或幻听音乐的基础。比埃尔·谢弗尔是这个领域的领军人物之一，如前文所述。使用没有内容、意义、原因或含义的声音会让简化模式的听者集中注意力。这种听觉模式不是与生俱来的，它需要精神在长时间内保持高度集中，起初这可能让人觉得很疲惫，但最后会使耳朵变得很敏锐以致声音都变得很有战略性。最熟练的声音设计师可以达到这一点。

聚焦点

耳朵是个令人惊叹的器官。它可以从多种多样的声音中选择出一些声音并把注意力集中在这些声音上。实际上这是很自然的过程，多数人在这样做时都不假思索。然而，要在互动环境或电影中表达这种集中意识就是另一回事了。

在音频声景中，有前景声和背景声。互动环境中的声音很多时候都纯粹是背景声。当一个声音在背景中突出出来时，通常是因为它的频带与背景声的频带截然不同或是前景声的动态音量超过了背景声的音量。

这需要一些实验，但是结果是很惊人的。详细的声音设计潜在地增强了虚拟空间的效果。

声音对象的速度

如果耳朵有足够的时间来反应，那么声音可以被感觉到并且可以被理解。这一点为什么重要呢？如果剧情或者环境迅速改变，那么不同的声音之间需要一些连贯。虚拟空间的快速运动或者电影的线性剪辑可以使人对声音对象的理解和认知变模糊。人感觉声音的反应速度可以各不相同。

表 6 - 2　声音的感知表

声音事件	感觉声音所需时间（秒）
声音	0.001
音调	0.013
响度	0.05
讲话中的音色和辅音	0.1

声音设计前期制作

当我们计划开始一项工程的时候，有几个问题要马上解决。工程的长度、工程的费用，以及最重要的——工程的主题。其次就是指导声音设计师的前期阶段工作的总结。

概要

互动环境的声音设计过程和项目开始于一个工作计划。这个计划可以是任何东西，从声音设计文件到导演或制作人想要的声音基调。一旦建立起最初的计划，你脑中就应该有基本的声音特征。对工程概念的透彻理解和研究紧随着你的初次印象，然后为工程"确定"音效位置和为寻找真实的声音计划的关键点的位置。此时，创建一个指示常规工程的对立或一致性的**声音图谱**。简言之，声音图谱就是用语言或文字描述一个工程中的关键概念的两极分化的特点。有时它是图表样式的，它显示工程设计的紧张和舒缓或者其他参数，有时它是一张两列的纸，上面注明正面和反面特征的声音以及它们与工程的有机联系。写下这些便可在制作开始之后节省时间。

情节、设计文件、网站提案

当开始计划一个新的工程时，比如一个网站，第一件应该做的事情，除了与艺术总监或创作者协商，就是要仔细阅读提案涉及的文件，如熟悉一下项目的信息情况。应该通过仔细阅读这个文件，用不太深的术语呈现出声音的特征。如果是游戏设计文件或电影剧本，就需要与团队领导或导演一起审查内容，还有确定音效的位置或是把声音概念化。

这个文件界定了整个工程的参数，在电影中就是指电影剧本。一旦有了清晰的理解，就该确定音效的位置。

"确定"音效位置

"确定"音效位置简单来说就是获得一些设计文件或剧本的所有权，这是把听到的印象逐字写下的过程。如果你的第一印象就很准确，在你声音图谱初稿中简要描述出来，还有期望的工程结果。拿一支铅笔在纸上记录尽可能多的想法，在行间、页边空白处，如果有必要的话，写在纸的背面。即使这只是一个草案，也会为以后节省很多时间的。

界定音效和声源

一旦在文件里界定了一般声音的意义，就该开始详细描述这些声音是什么以及在哪里能找到这些声音了，音效库和现场录音的计划是一定要有的，这要求声音设计师熟悉特定的音效库和录音技巧。如果你没有听过一个特定的声音，那么是没有办法把它植入你的耳朵里的，这就需要经常听。所以，当某一天你认为你已经完成了大量关于声音设计的工作时，就到你的音效库去听一些声音吧。

即使你没有自己的音效库，很多其他音效库都有你想要的声音或者可以为你获取那些声音，也有数不清的网站提供可下载的声音（尽管不是高品质的）还有收费的声音供使用和采集。

你看到这句话，就该开始为你自己的音效库采集一些声音了。录制、采集、购买你能获得的每一个声音，即使你在工程中用不到它们，但在你将来的工作中，可以把它们混在一起创造其他的声音。

声音前景和审批工序

一旦确定了音效图表，就该让你的工作得到认可。结合声音来进行设计，通常两列，在每列的最上一行用描述声音的几个词进行标注，就像文字的声音图谱一样，不同的是，这些几乎都是最终敲定的声音，这两列文字用来区别工程中最显著的差异和对比。这是为工程的整个声音方向创造清晰的设计结构的第一步。如果没有明显的对比，那么就用频率范围、使用的声音类型和其他任何可以界定的特性来分类。

技巧回放的考虑

网络领域包含的音频格式大概就像电脑一样多，当为声音设计创造最初计划时，考虑一下还音设备是怎样的。如果工程是个游戏，那么作品将会在怎样的平台上呈现：Xbox、PS2、Nintendo、Mac，还是其他的平台？如果这用于网上音频，那么对确定的标准来说，就需要足够的带宽和正常的还音系统，压缩格式也需要考虑带宽问题。在电影中，Dolby、THX、DTS 和所有其他的影院标准都要在任何混录和详细工作开始之前得到了解。

不要忽视这些考虑。由这个决定创造出来的声音对象会对整个混录产生深远的影响。把这个信息校对一下，这可以为你在录音棚里或办公桌前节省很多时间。

一旦制作平台、最初意图和主要的声音观念都得到认可和通过，就该开始制作声音资料了。经常与影片、游戏或交互环境的作曲人协商是个好主意。很多时候这是做不到的，因为一些时间的限制或其他无形的原因，但是无论如何也要尽量和作曲人有一些沟通。如果你是作曲人，那么这个就容易控制了。这些协商可以避免声音和音乐互相冲突，或出现不恰当的组合结果。混录工程中不和谐的声音将会被处理和调整，但是提前有一些通知会比较好，这样你就可以调整你的声音输出。通常电影混录的顺序是对白、音乐和音响。在游戏中稍微有点不同，因为游戏中通常没有对白，即使在有对白出现的时候，也不会掩盖音乐和音效。

真正的乐趣在制作阶段才开始。

声音制作

制作阶段是真正要着手做的阶段。在这个阶段中，采集、创造、处理所有的素材或用其他方法把它们放入项目中做准备。

声音素材采集

有了详细的声音图谱和对内容的清晰了解，就可以开始采集素材了。按照以上所说的，你可以去找音效库或是原始录音。用任何一种方式，你都可能会找到很多声音，在如此众多的声音共享中，可以选择需要的，其他的留着以后再用。

声音对象通常分为两种类型：单独的声音和混合的声音。大多时候都是混合的声音，知道了这一点，就应该为所需的混合声音做调整来创造声音对象，调整主要靠时间。如果在创造音效的阶段没有留意，那么混合音频文件的结果就会不同，比如变化、失真倾向以及其他的异常都可能会发生。问题是创造声音可能要花费相当多的时间，选择声音和把它们导入声轨的过程才是最初阶段。一旦声音最终敲定，并且在线性工程里同步或在非线性工程里测试，它们需要以一个合适的电平混录。如果混音师对这个任务不熟练，那么混录花费的时间可能和创造声音的时间差不多。在某些情况下，如果你的混录不太好或者你的耳朵疲劳的时候，让别人来混录会比较好。

在工程的声音素材粗混时，让别人来帮你一起听是个明智之举。这种建设性的批评非常有价值，特别是审查的人是你很敬佩的人时。

如果有音乐轨，那么终混就尤其重要了。声音和音乐混在一起不能失真：第一，不管怎样都不能掩盖彼此，除非导演有特别要求；第二，音效必须在决策者同意的前提下，以一定音程的方式，和谐、适当地支持着音乐。

另外，如果可能的话与作曲人协商。通常，他们对自己的音乐的和声和旋律内容都有一个非常清晰的概念。

创造原始声音

原始录制的声音对任何工程来说都是最好的素材。它们听起来会很好，更适合场景，并且总归是原创的。有的时候，工程的主要创作人会要求高保真度的音效，这需要原始录音与声音设计师资料库里的声音结合使用。

在电影和互动空间中使用两种类型的音效：小音效和大音效。小音效就是像玻璃杯的碰撞声、揉纸声、门的嘎吱声、脚步声、布料摩擦声和人的声音，比如打喷嚏和咳嗽声，这通常都是在棚里录制或由动效录音师录制的。很有可能大多数声音都要录制。如果你没有录音棚，可能就需要一个小且安静的地方，直到你能够支付得起租用一个小的隔音室或单独的录音棚的费用。

大音效通常是需要在室外录制的声音。包括爆炸声、枪炮声、群杂声、汽车声、飞机声、火车声和机械声。如果上述音效制片人决定用原创声音，那么要为此建立一个工程，在录制时（如爆炸声）可能还要得到相关许可并依法清场，以确保能满足一切录音所需。在专业的大预算的情况下，**声音设计师**、**音效剪辑师**或**音效录音师**都会被邀请来为影片做声音。在典型的游戏预算或网络预算中，这些声音要通过一些创造来获得。大多数时候这些声音将会从事先录的资料中找到，但如果你能有一些其他的"途径"，那将是很明智的。做一些你自己的录音。你怎么录制到飞机或火车声的？开始它们可能是由非资料声音设计出来的。一些技术（在光盘中的 filmsound.org 文件中有列出）可以用来改变已录制的原始声音特征。这个清单过去适用于模拟录音方法，现在它们也适用于软件和数据处理。

当有户外录音的机会时，你应当留心观察专业录音人员都是如何来做的。首先，现场总是有不止一种录音设备来录制不同的声音透视，子弹发射和冲击就是一个例子。一个用数字音频磁带（DAT）的机器，纳格拉或硬盘录音机可以放在真枪附近，话筒可以放置在要被冲击的物体旁边，比如一块木板。这些声音混在一起听起来效果会很不错，但是如果在子弹下面再放一个话筒，来记录子弹飞过的声音，这样做就会使声音听起来更可信。学生们可以从他们的多媒体或音频部门借到设备。做一个计划并预定设备，带上你的朋友一起出去录一些好的音效。有很多录音和创造音效的好方法，使用一切可任你支配的工具，包括你的大脑。

创造原创声音需要实践。发挥你的想象，看看你的想法是否可行。如果在下雨，想办法解决问题并准备录音。不要让恶劣的天气和其他不重要的因素妨碍你手边的工作。

声音处理

改变或者提高声音的质量来适应场景就好像在做雕塑一样。声音需要被改造来满足影片的需求，这种改造可以通过声音结合在一起来形成新的声音或把声音处理到某一程度再形成新的声音。本·贝尔特（Ben Burtt），《星球大战》的声音设计师，他对于乔治·卢卡斯（George Lucas）想要的特别声音有一些很有创造性的想法。作为一个声音设计师，有这种创造力是很正常的，但是别想一下子就成为下一个本·贝尔特。

表6-3 是影片《星球大战》三部曲中的声音：第四、五、六部分和它们的构成方式。记住这多半是他所工作的前数字领域。更多关于《星球大战》声音的信息可以在光盘中的 filmsound. org 文件中找到。

混录和制作效果声轨

制作的最后阶段就是混录和制作声音对象。在电影中，重录过程是把所有的元素结合成整体，然后把它们混到一个混合声轨中。

表6-3   《星球大战》中的音效设计

机器人 R2D2	一半声音是电子的，其余的是人声、水管声和哨声
Imperial Walker	机械冲孔床声和自行车链条落在水泥地上的声音
光剑	旧电视机声和35mm 放映机的嗡声混合
激光射击	用锤子敲打无线电塔的电线
钛战机	用多种方式处理的大象吼叫
反重力机车	一架 P-5 飞机和一架 P-38 Lockheed Interceptor 的声音结合并混录
卢克·天行者的沙漠快艇	在洛杉矶海港高速公路上通过一个真空吸尘器管发出的声音
楚巴卡	海象和其他动物的声音混在一起
Ewokese 语言	藏语、蒙古语和尼泊尔语的混合和分层

在互动环境中，每个声音都应该依据自己的特性来被混录，然后声音程序员把素材加入游戏引擎或虚拟环境中。

目前作曲家和声音设计师可以选择自己操作程序，很多时候素材不是由声音设计师控制而是由程序员来操作的。

音乐、音效和对白

声轨的主要部分是对白轨、音乐轨和音效轨。这三个类别需要适当地进行混录并按顺序放置，以使它们变得清晰明了。声轨应该始终支撑视觉内容和情节。如果背景声中出现了声音或音乐段落，那么一般认为它在情节中应该比较明显。如果虚拟空间中的音乐与演员动作相配合，那么它本身就应该引起人的注意。换句话说，通过使用听觉分散把注意力从情节或视觉内容吸引过来可以扰乱流畅性，在线性或非线性中都适用。考虑到需要或者建议这种分散，就应该把它做出来。

扎实的混录，平滑的过渡，与让人信服的音乐和声音组成了一个丰富并有趣的声轨。声音剪辑监督通常负责工程里所有的素材、终混和声音的最终成果。可能要求声音设计师以更低的预算或小制作来完成这些事情，这意味着很有必要了解这三种基本的声音（对白、音乐和音效）。

线性视觉内容的重要性

音乐对情感有让人着魔的魅力。它可以激发快乐、恐惧、焦虑、和平、平静、敌对、悲伤和任何一种情感。达到这个目标的方法还有待考虑，但有一件事是确定的，音乐可以彻底地影响视觉经验。

我们都体验过影片中音乐的影响力。出色音乐的电影有把音乐赋予成人物形象的效果。如由霍华德·肖（Howard Shore）作曲的《指环王》的音乐。音乐的主题在讲故事的层次之上贯穿整个故事，因此创造了整体的一致性：Mordor 主题、弗罗多（Frodo）主题等。

三部曲中到处都有激发的情感。在《魔戒现身》（Fellowship of the Ring）中甘道夫临死时的场景中，画面无法表达音乐能够表达出来的这种情感。毫无疑问，整个场景让人印象深刻，有很多值得一提的精彩部分。

早些关于音乐在影片中形成事件的例子是《大白鲨》。约翰·威廉姆斯创作的两个音符的主题很简单，但是创造了一种恐惧，这种恐惧是超出这一部分的总和的。在第五章中提到的不协和音程创造了一种不安的感觉，《大白鲨》主题建立在小二度音程的基础上，一个半音。这是一个非常不协和音程，对它的旋律运用和对心跳节奏的模仿正是运用人的生理学的结构。在支撑画面时，两个音符可以创造出这样的效果，这很神奇。在影片的开始，一个女孩在沙滩边的海面上被鲨鱼袭击，音乐在受到攻击之前慢慢发展，初次观看影片的观众在椅子上惊呆了。但是如果我们仔细观察的话，从鲨鱼接近到攻击，我们始终没有看到过它。音乐创造了鲨鱼的一切形象，黯淡的光线和摄影机角度，尤其是在水下，创造了视觉的恐惧因素。没有看到鲨鱼！很神奇。

如果一个非线性工程要求把场景切换到线性的资料上，要记住音乐对画面产生的效果。联系一个作曲家或与工程领导去协商来决定最适合影片的作曲，然后开始与他/她一起工作。这并不是要求你有能力去作曲，但是你得知道音乐是怎样影响画面的。

频率分隔

频率有三种通用频带，它们可以再分成离散的频带。低、中、高频带被大致分成表 6 - 4 所示的带宽。

表 6 - 4   声音频谱的三种通用频带带宽

频带	频率范围
低频带	20 ~ 250Hz
中频带	250 ~ 4000Hz
高频带	4000 ~ 20000Hz

这些频带在声音终混时大体是分隔的。如果音乐中含有低频，对白中也含有低频，那么就有可能发生掩蔽，最坏的情况可能会导致音乐轨和对白轨互相干扰。音效轨通常有很宽的频谱，这个频谱可以提高其他声音的质量或者在某种程度上阻隔它们。如果情况发展到音乐和对白与音效冲突的时候，那么需要去平衡音效轨，限制特定频率的带宽，从而使其他的频率补充进来。当声轨的频率相冲突时，混录也可以减少一些遇到的问题。

密切关注整个声轨中的频率分隔。如果正在创造音效轨，那么要考虑到特别声音的频带宽度，它最终可能被改变来适应声轨的其余部分。

创造声轨内部的协和与不协和

第五章中介绍了协和与不协和的概念。特定的音程组合起来形成协和与不协和的传统音程。在电影作曲和其他作曲领域，和声基础现在仍在实行。

分隔频率对清晰度和准确性来说很重要，但是这三种类别怎么各自组成结构呢？不管视频"强调"，声音事件能创造出协和或不协和的声音么？声音的组合是令人愉快的、刺耳的还是让人讨厌的？不好处理的地方在于细节。

如果有一个女孩亲吻男孩的场景，那么这个时刻的音效和音乐，必须支撑这种情感表达。声音可以在内部制造矛盾或者和音乐起冲突，在这种环境下必须要避免这种冲突。这时候，认识到一些简单的事情就非常重要了，比如"这种声音组合听起来很舒服"或"那种组合很刺耳"。把这些分成协和组和不协和组有助于为影片创造声音特色，同样理论也适用于虚拟空间中的声音和音乐组合。刺耳的声音提升你的紧张感，愉快或无侵犯性的声音放松这种紧张感。你见识过虚拟空间中误导和愚弄用户的潜力了吗？关于游戏和互动视频空间中的这些观念，我们还有很多要做，希望这些和许多更出色的观念会脱颖而出。

音乐与声音设计中的音程关系

音乐中的音程在表达情感和环境上起着很重要的作用。音程与音程组合在一起构成了和声。音乐的处理也适用于声音设计，尽管是以一种不严密的方式。根据弗里德里希·马普格的说法，尝试把心境状态、节奏和和声归成声音的等同物，听觉表达就会有明确的情感。一些类别不是具体情感，而是个性特征。

这其中有些有点儿过时了，这是意料之中的事。用更流行一点的话来说，特定音程已经被音乐和声音治疗师以及理论家和音乐学者描述成是含有情感特征的，这些直接解释了音乐和声音是如何影响画面的。音程可以分解成特定频率，但是更重要的是音程之间的距离。在之前章节中的音程倍频器的图表中可以看出如何计算频率来得到确定音程。如果把同样的方法应用于声音，会产生一些有趣的结果。

下面列出的音程是由西方音程创造的被大家广泛接受的典型情感。这些在大卫·索南夏因的《声音设计——电影中音乐、语言和音响的表现力》（*Sound Design The Expressive Power of Music, Voice, and Sound in Cinema*）一书中也能找到，其实关于音乐和声音内在含义的大量信息都可以在这本书中找到。我建议声音设计师把这本书作为收藏的一部分。

音效可以是把声音组成整体然后把它们放进线性或非线性工程里这么简单。但是必须要多关注音效，特别是出现特定情绪或气氛时。由组成门把手转动的声音或卡车经过声和街上行人尖叫声的混合制造的音程可以直接影响场景或互动空间的意图信息。

为一组声音计算音程就是个例子。使用音程数值表，算出高于 40Hz 的纯四度是什么音程。这个频率不在十二平均律中公认音符的正常频谱范围之内，

表6-5　早些声音影响情绪状态方式一览表

由弗里德里希·马普格总结的情绪状态的声音表达	
情绪	与情绪有关的表达
悲伤	缓慢、无力的旋律；叹息；以敏感的语调所说出的简单语言来触及；通常采用不协和和声
愉快	快板；热烈和胜利的旋律；较多协和和弦
满足	比愉快更平稳和安静的旋律
忏悔	悲伤中的要素，除了使用一些混乱的、悲痛的旋律
乐观	自豪的、欢腾的旋律
恐惧	不稳定地向下进行，主要在低音区
大笑	拉长的、缓慢的音调
善变	恐惧和乐观的情绪轮流出现
胆怯	与恐惧类似，但常被焦躁的情绪加强
爱情	协和的旋律；不同速度下轻柔悦耳的旋律
憎恨	刺耳的和声和旋律
嫉妒	低沉、恼人的音调
同情	轻柔的、平稳的、悲伤的旋律；缓慢的乐章；低音处反复
猜忌	由不稳定的音开始，然后是强烈的、斥责的音调，最后是动人的、歌唱似的声音；快慢乐章交替进行
愤怒	憎恨情绪的表达低音处频繁突变；尖锐、猛烈的乐章
谦逊	摇摆的、犹豫的旋律
冒险	对抗的、快速的旋律
天真	田园风格
焦躁	快速的变化；恼人的变调

表6-6　和声音程与情绪特征

音程名称	情绪特点
纯八度	完整、开阔、一致
大七度	恐怖、诡异、古怪、奇异
小七度	期待、紧张、饱满却不稳定
大六度	和平的、安定的
小六度	些许悲伤、缓和的
纯五度	权利、集中、力量、胜利
三全音	害怕、恐怖、惊恐
纯四度	飘渺、轻快、透明、明亮
大三度	公正的、乐观的、断然的
小三度	令人振奋、放松、乐观的情感
大二度	不果断的、不稳定的、易变的
小二度	茫然、紧张、焦虑、不安
纯一度	和平、力量、平静、安全

因此基本上都是在处理音乐领域之外的声音，但也遵循比例原则。

如果我们参考音程数值表，可以看到把 40Hz 乘以频程，就是 1. 33483，结果等于 53. 3932。现在这个结果是非常精确的，对我们的耳朵来说太精确了，因此如果我们把这个结果约到 53. 4Hz，我们在处理声音时得到的结果也差不多，处理音乐时情况有所不同。它的技巧就是去调整一个可以与 40Hz 的声音组合的声音，找到一个约等于 53. 4Hz 的声音，这是个很低的音程，听起来很重浊。如果我们把 53. 4Hz 的频率升高两个八度：

$$53. 4 + 53. 4 + 106. 8 = 213. 6 \ （约等于）$$

图|6－4|

53. 4Hz 在基频上升高两个八度

比 53. 4Hz 高两个八度的音与 40Hz 的频率组合与原始的四度有同样的效果，因为八度相等。八度的分隔仍然维持原来的音程，声音在有了稍高的尾音强调之后可能更有吸引力。在混录中要检查余下声轨中的声音，看看是否要在频率分隔上做些调整，但是现在你有一组声音是或多或少带有场景的情绪状态的。

现在所有声音都可以相当于音程，新的声音音程也可以与音乐组合来创造真正有机的声音体验。这要求很多额外的时间，但是结果是很值得这样做的。不是每一种音效都要求这样大量的工作的，但是要开发更多的可能性。

如果你在阅读了最后这一段之前认为你有很多工作要做，那么你现在就意识到了把理论上的音乐方法应用到声音上的潜能。对于所有声音工作来说，结果比你想象的还要好。而且，这并不是要求你去关注所有的声音，但是一般来说你做的声音设计的工作越多，你得到的回报就越大。

总结

虚拟环境或线性视频媒体（如电影）中音效的创造和应用都是类似的。要学习电影中的声音设计，实际上就是学习与互动空间的声音设计一样的概念。要有一些关于非线接点或重叠的考虑，但是声音建构的大体规则保持不变。练习音效设计的技巧是不容忽视的一项任务，时间的长短也是很重要的，因为我们做片子时是有很多选择的，而且需要在做声音之前熟悉一下技术。

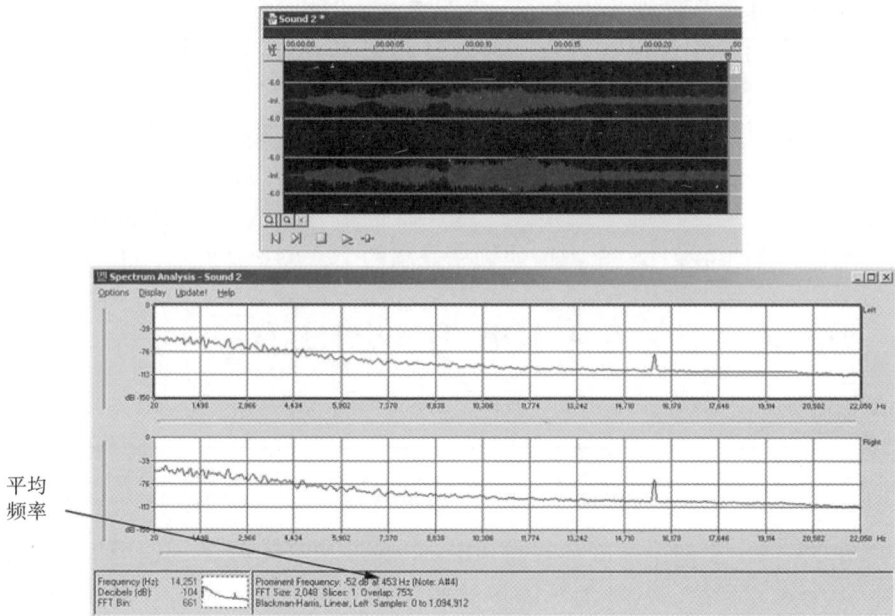

图|6 – 5|

在频谱分析仪中，音效的核心频率

在了解上述概念的情况下工作使声音设计师能够为视频媒体建立扎实的工作基础。文中所介绍的知识和技术需要慢慢消化，花时间去理解和吸收这些概念对达到专业声音设计师的目标来说很重要。

复 习

1. 与音程关系和视觉内容相关的情感意义是什么？
2. 声带之上（on – track）和声带之外（off – track）的区别是什么？
3. 描述一下声音图谱的作用。
4. 动效声音是什么？它们在哪里使用？
5. 给你一个 230Hz 的声音，高于它的小三度音的频率是多少？

练 习

1. 创造一个 15 秒的声音段落。以某种组织方式把 3 ~ 5 个声音组合在一起，以便使你的意图清晰和准确，按你的喜好处理这个声音，把这个文件用你最喜欢的声音格式渲染成 CD 音质的音频。
2. 创作一段持续 3 ~ 5 分钟的声音作品。用上你手边有的所有声音，但是不要用诸如歌曲或乐器声的音乐声，只用你的声音。

第七章

网络的声音设计

7

```
<html>

<head>

</head>

<body bgcolor="white">

<A Href="yourfavoritesound.mp3">Push to hear</A>

</body>

</html>
```

目标

基于网络的声音设计

在网络空间内使用声音和音效的关键区域

建立网络声音的有效及无效策略

介绍

在本书的第五、六章介绍了声音设计的使用技巧及策略，现在你可以在网络环境中应用声音了。本章将探索网络空间中执行声音和音乐指令的关键区域，介绍在典型网站中声音的意义，以及在创建声音过程中使用的有效和无效策略。

网络的声音设计

网络上的声音

各种媒体类型相结合的世界，也被称为多媒体，它已不可思议的渗透到世界各地的网络当中。由于有了视频、动画、平面设计以及其中最重要的声音元素的加入，网页已经进入了一个全新的发展空间。

关于互联网最有意思的体验之一就是如何将现有的各种媒体类型用一种有效又令人信服的方式结合在一起。随着不断增加的可用带宽，将资源整合成一个真正多媒体的梦想终于得以实现。这真的是个令人振奋的时代。因为就在几年前，无需下载即可在线收听高质量的音频文件还是一件可望而不可求的事情。而如今，通过使用 MP3 或其他类型的压缩标准，利用网络数据流传输，在线收听相对高质量的音频文件已完全可行。同时，游戏产业也增强了对游戏音频输出的研发力度，涌现了很多应用于网络的新技术。

声音进入到网络，以其独特的魅力大大提高了用户的参与程度。以前用户只能在网络上"饱饱眼福"，而现在"一饱耳福"的愿望也得以实现。只要你有基本的编程技巧或资源，比如 HTML、XML、JavaScript 或其他更高级的编程语言，那么在网络上执行及安置声音的工作对你来说就不会太难。虽然本章提出了一些执行音频问题背后的概念，但有关为网络空间或在 Flash 环境中的声音编程的问题却并没有涉及。所以，如果你用的是 Macromedia Director，那你就该相应地学习 Lingo，如果用的是 Macromedia Flash，你就该对 ActionScript 多些了解，诸如此类。通过更好地学习掌握软件的使用技巧，增加对代码知识的了解，那么本章的内容就可以得到更深层次的研究。无论如何，多一些知识储备，你就能在探索网络音频的道路上走得更顺畅。本章中我们研究的重点是选择适用于网络的声音种类，而不是谈论如何让声音在网络上得到正确的触发。

有很多编辑工具都可以实现音频的网络应用，而且素材整合的操作还相对简单（如 Dreamweaver 和 Fusion），但你也应对硬编码（hard coding）技术有所了解。拥有利用硬编码技术解决网络编码结构问题的技能，是一个值得炫耀的资本。即便你此前对硬编码一无所知，你也可以试着去了解它们，很快你就会发觉编程技术是多么的重要。

网络音频的优势

将声音应用于网络，是有很多优势的。最显而易见的优点是声音开辟了全新的空间感受，为网站增添了另一种感官知觉的多媒体体验。但只需浏览几个网页你就能发现一些问题：声音出现的次数过多、音质良莠不齐、缺乏统一的标准。而你有能力弥补这些不足。

从哪里开始？

网络声音设计师的工作和电影声音设计师的相比还是略有不同的。首先，网络音频事实上是不完整的、非线性的。这意味着网络音频不仅会使用声音对象，而且在很多情况下，会反复地使用它们，比如循环音乐。循环是指一个预先准备好的音频片段按照程序的要求被无限循环的播放。整段的音频文件往往是很大的，由于带宽的限制，它很难被网络音频所使用，而音频片段就小很多了，适用于网络环境。经常会有这样的情况：所谓的某个网站的音频设计师也就是该网站创建者本人，而这么做最终的效果也使人们意识到网络中的声音部分，应该得到更加严肃认真的对待，应当计划引进拥有声音及音乐专业知识的人员以提高网站整体的水平。一些网站有专用的声音制作人员，但这也增加了网站的经费支出。很多时候，网页设计师在工作中也兼任声音设计，这也就解释了为什么互联网上很难有精彩的音频效果。然而我们也承认，的确有网站没用声音设计师，但同样做出了高质量声音效果。这显示出，网站研发人员正在更为全面地掌握包括与音频相关的网站设计知识，并慢慢地将其付诸实践。

在你为一个网站开始工作之前，你首先需要弄清这是怎样的一个网站，它的理念和细节都是什么，了解了这些信息之后，你才能确定将使用什么类型的音频素材。

如果要为网站添加音乐，需要决定是使用原创音乐还是非原创的音乐，若使用非原创的音乐，则需要考虑版权的问题。如果决定用原创音乐，那你需要考虑找谁来作曲？是只需要用于循环的片段，还是要整首曲子？有时，你得到了一份原创作品，可这个作者的作曲技巧还很粗糙，如果坚持选用这个作品，那么最终浏览网页的人可能都会被这段音乐给吓跑了。成为一名技术精湛的声音设计师需要的不仅是野心，更需要掌握与之有关的全部专业知识和技能，而达到这种层次是需要相当长时间积累的。随着像 ACID 这样的多轨编辑器的问世，编辑几条循环声轨并将其称为音乐的过程变得相对容易，它可以很轻松地实现你的音乐设计。但其最重要的意义在于，用户将接触到由专业的作曲家及歌曲作者创作的专业作品，而这正是他们一直所期待的。试着自己建立几段循环音乐，看看能做出什么效果，如果你满意自己的作品，就找个专业的人来点评一下。如果你想在音乐方面进一步深造，那就跟一个懂作曲的老师多学学吧。

音乐已被视为网站设计的一部分了。那么，音乐是在用户登录页面时自动响起或是需要被触发还是一直持续不断？是否每一个页面都需要音乐？如果是的话，那么是用同一段还是不同的音乐？音量设置在多少合适？是什么层面的听众？用什么风格的音乐？相关的问题还有很多，无论你是独立完成还是雇人来做，在音乐制作之前，这些问题都应得到明确的答复。

如果需要添加音效，那就添加在特定的地方。在网站中，音效通常附加于一些用户事件上，比如按钮、翻转、滑块等，同时音效也在两个页面或是同一页面的不同区域间起到过渡作用。在制作音乐前，需要明确互动对象及声音对象的个数。

专业人员每设计出一个音效大概能挣到 75 美元，其中包括了人工、设备及时间成本，但对于网站设计者来说，这是一笔不小的支出，所以音效库中的素材是被广泛使用的。可如果直接使用音效库中的素材，会导致页面中的声音千篇一律，从而降低了网站的吸引力。换言之，音效应当经过一定的处理和修饰再应用于网络，使之成为网页特有的声音！

叙述必须被认真对待。很多类型的叙述，如旁白、采访、对话、新闻广播、配乐朗诵等都应用于网络当中。对于叙述的要求，重中之重就是要保证其可闻度与可懂度。要注意的是，这一类声音的动态范围相对要小，像对白这样的，用单声道就能做得很好了。同时要确保叙述的声音不要被其他轨道上同时发出的响亮的声响、音乐等遮盖掉。

压缩人声声轨。此处的压缩，是压缩文件，而非压缩音频，手动剪去词句间的停顿，只留下需要的声音。MP3 压缩格式似乎对人声以及其他声音文件有着很好的效果。在一个典型网站中，人声声轨为单声道、8 比特、22.1kHz 的采样率，这样的文件大小合适，也有的文件使用了更低的参数，你可以直接听出差异。当然，声音的格式也可以是 Wav 或者 Aiff 格式，音质也会相对更好。

一旦项目中的声音设计经过讨论同意使用，无论网站是否在创建中，声音的制作都应开始，因为声音素材的制作实际上是很耗时的，理应被分配到更多的时间。如果是一个急活儿，那就喝杯咖啡准备熬夜吧。

网络音频素材

音频素材是声轨的核心所在。前面已经提到过，声音是由音效、音乐和人声三部分组成，每部分都不能以赶进度为理由而被轻视对待。举个例子，在网页中常能听到的按钮声，就是若干个独立的声波合成而后的效果。

重复性的声音，很容易引起用户的厌烦情绪；而效果粗糙的声音，将导致用户离开页面，终止与网站的互动，必须避免这种情况的发生。逻辑表明，有侵略性的或者是摩擦类的声响在特定的地方会有特定的作用。但多数情况下，网站的老板肯定希望用户停留在网站中的时间越长越好，刺耳的声音，将会让用户立刻关闭页面。

对声音进行编辑、编程、混录造就了最终的音频素材。很多时候，网络音频素材都是短小但特点鲜明。由于可供播放的音频长度有限，让声音听起来与页面内容感觉相符才是制作的重点。打个比方，作为一个新网站，通常不会使用科技舞曲（techno）类的声音作为过渡声或是按钮声，除非它就是一个介绍科技舞曲的网站。当你还在构思声音创意时，考虑充分一些，以确保你的声音方案得以通过。

网站的意图及范围

网站的整体规模和范围是非常重要的信息，需要被认真的分析及对待。因为这些数据将决定如何有机或无机的对声音进行整体设计。对于一个有10～30页网页内容的小网站而言，为其筹划、创建一个声音方案的工作是相对容易的。但网站的压缩特性，所需的是更特殊的声音，而不仅仅是在点击按钮时听到一个铃声或是鸣笛的声音。声音像一个"角色"一样，直接成为网站中的一部分，如果你也认同声音这个"角色"身份的话。

对于那些包含数百页内容的大型网站来说，就需要为它们创建更大规模的声音方案。如果这其中所有页面的内容都前后相关，那么就需要提供一个有机配乐，并通过与网站老板或项目负责人进行协商，对设计进行适当调整，落实最终的声音方案。

网站的受众对象同样是为其创建声音方案时需要考虑的问题，就如上文说过的，可能需要对网站里全部的声音"角色"进行替换。涉及各个领域的网站充斥于互联网中，相应的声音设计不能千篇一律——卫生保健类网站和儿童教学内容的网站听起来应各有特色，体育网站和财经行业网站的声音方案更不能有过多相同的部分。虽说每个类型的网站都有相对固定的受众群体，但如果你在创建团队中有一定的话语权，你可以适当地给出一些新的设计建议。网站创建团队内的声音工作者，多数情况下其工作内容是完成由网站老板或项目负责人提出的设计要求，但不要认为你只是完成上级指令的局外人，任何时候，只要认为自己的设计会对网站有帮助，不要害羞，尽管提出你的创意来吧，项目负责人是很期待增添新创意的。

创建素材

结合并制订声音的过程，总是少不了对声音进行编辑和添加程序的操作

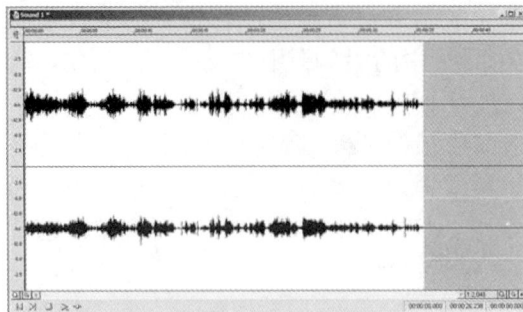

图 7-1

一组环境声文件

手段。对于音频编辑，其中最重要的一个方面就是声音循环。

选择声音及循环设定

很多网站中的背景音乐都是循环播放的。无论是对音乐还是环境音效创建循环效果，这都是必须熟练掌握的制作技巧。有很多工作，甚至是网络音频范围之外的工作，在一定程度上，都需要创建循环。创建循环的方式有若干种，但其中有一个是被经常使用、广受好评的技巧。

打开你常用的一款多轨编辑器，导入你准备制作循环效果的声音文件。如果你希望在立体声编辑器中完成操作，这也没什么问题，只是到了某一步操作之后，你需要移到多轨编辑器中。爆炸声和建立在一拍之上的敲击声是不适合做循环效果的（鼓声例外）。我们用一组环境声效果作为示例，来介绍如何制作循环效果。

首先要做的是，找出文件中大约 3/4 的部分，此时你必须在分为两轨的立体声文件中找到零基准点（zero points），多数情况下，这个点很好找到，如果找不到，请尽可能接近这一点。

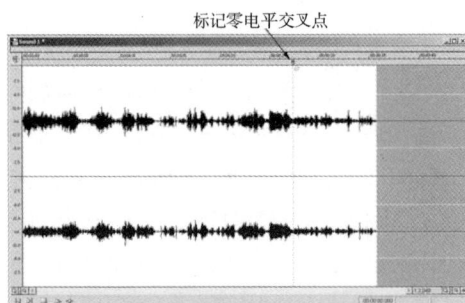

图 7-2

在文件大约 3/4 处做标记

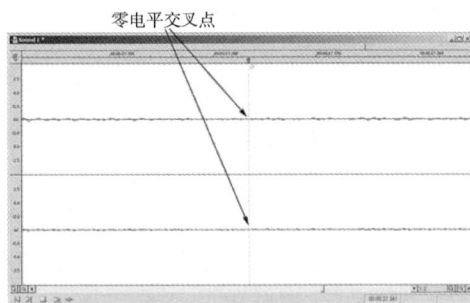

图 7-3

零基准点（zero points）特写

一旦找到并标记了零基准点，剪下文件的后 1/4 部分，并将剪下的部分贴到一个新音轨中。

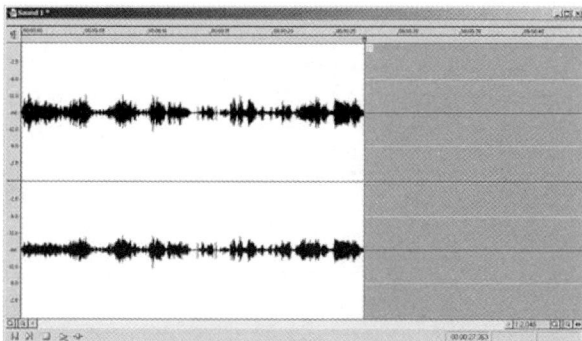

图|7-4|

将最后 1/4 部分移动至一新音轨中

　　此时在多轨编辑器中，你只需将刚才新建的音轨顶头置于原音轨下方即可。如果你使用的是立体声编辑器完成了上一步操作，那么此处请将全部文件移动至多轨编辑器中。

尾部被剪辑后的原始素材

将剪辑的音频片段
置于原声轨下方

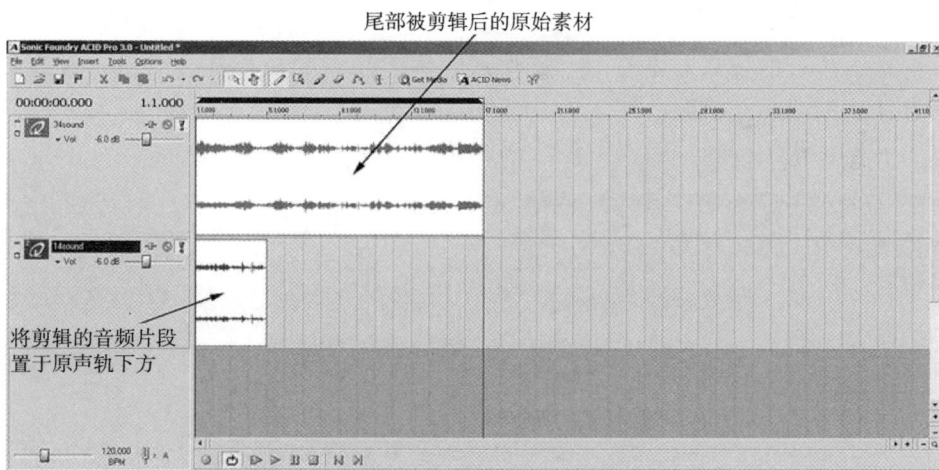

图|7-5|

在多轨编辑器操作窗口中，将剪辑的音频片段置于原声轨下方

　　需要在原文件开头部分加上淡入效果，在剪辑片段尾部加入淡出效果。基本上，这就是所谓的制作淡入、淡出效果。

　　当你以循环的方式播放这段文件时，你将听到一个在首尾之间没有明显间隔的、连续不断的音频文件，且淡出效果每一次都会准确无误地出现。这是一个非常实用的技巧，熟练掌握之后，你就会发现它的重要性不可替代。

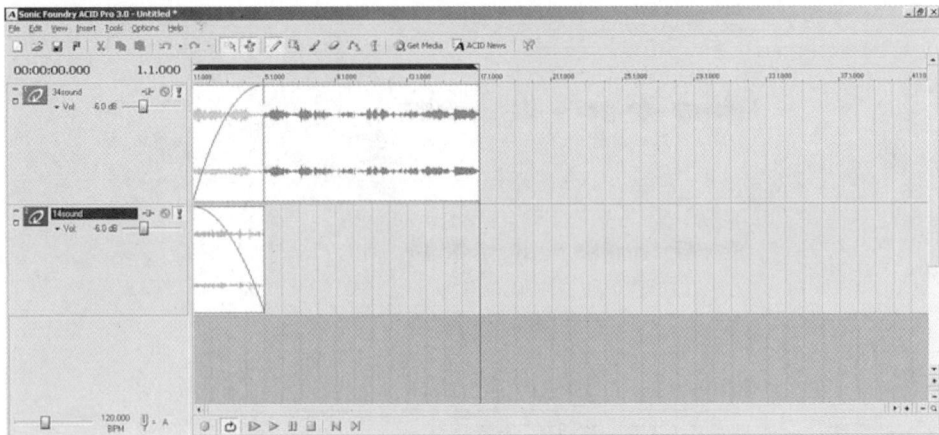

图 7-6

两个文件的淡入、淡出

混合声音

混合声音的技巧非常有效。操作过程中要注意的一点是，不要让两条文件产生削波或相互掩蔽。

在你常用的多轨编辑器中导入两条音效。

图 7-7

多轨编辑器中导入的两条音效

现在把两条声音混在一起，听听效果如何。此时的目标是得到一条混合成的声音。你依旧可以听到原始单一的声音，但经过几步操作之后，你可以把它设计成不同的声音效果。

　　在立体声编辑器中，将立体声文件分置于两条音轨中是一个很好的选择。编辑完成后，你也可以将文件导出至多轨软件中。

　　在你常用的立体声编辑器中打开两条音频素材。现在将其中一个素材变调，下降 12 个半音，再将另一个素材反向。保证"保存持续时间"的选项是选中状态，这样可保证两条素材始终是同一长度。

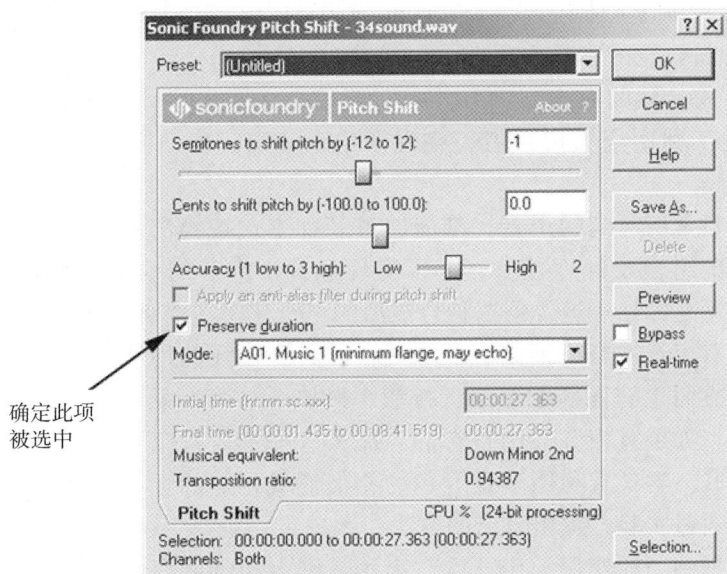

图|7 – 8|

确定选定"保持持续时间"

　　将生成的声音导回多轨编辑器中，试听效果。设定预期的目标，直到你得到了令自己满意的素材。

　　将声音创建成各种组合以供使用，是从事声音设计工作的好习惯。这样能够得到一些有意思的设计，这些经历也将使你更快熟练，创建出更多、更好的声音。

网络音频设计的建议

　　一些在声音制作，特别是音效制作方面的指导思想，将帮助你避免在工程初期做无用功。以上只是给出了一个建议，帮助你在创建音效时提高速率。

　　嘉里·瑞德斯托姆（Gray Rydstrom）作为声音设计师，参与了《侏罗纪公园》《拯救大兵瑞恩》《泰坦尼克》等多部经典电影的制作。他为立志投身声音设计专业的人们提出过几点建议。虽然他工作于电影声音设计领域，但这些建议完全适用于网络声音设计行业。

- 留心倾听日常生活中的声音，设想如何利用音效对它们进行再次创作
- 注意那些具有情绪感染力的声音
- 使用无声
- 各种声音元素应以一个和谐的方式呈现出来
- 保持音轨的不断变化
- 保持音轨的简洁
- 善于利用全频谱声音，在混录中，让高、中、低频声音有机地结合起来

我们日常所听到的声音，都能通过某种方式被模仿出来。在软件中使用各种不同的组合及处理效果，可以实现对日常声音的模仿。有时你会觉得，虽然用的不是原始声音，但这种合成后的声音在网站上听起来也不错。

当所有声音被有机地结合起来时，就具有很强的情绪感染力。网站中的声音在此方面也有同样的效果。按钮、滑块、过渡、菜单以及所有网站中的互动元素，如果有声音适用于它们，那么这些音效就应当以某种方式与网站主题相关联。尝试着利用多重音色的相似性或相等的音高，结合频谱实现这种关系。通过实验，提出自己的方法。

上文提到了要使用无声，这对影片或网页制作都有重要的影响。在网站中，适当地利用无声效果与电影的用意是一样的。使用无声，让页面上的视觉附加物与观众进行互动。用户会因为这个地方没有声音反而将注意力集中于页面上的特定区域。通常来说，整个网站不可能铺满音乐或音效的。至于声音到底出现多少合适，你可以对比几个你常浏览的网站，总结出一个自认为合适的比例，并将其应用于实践当中。

声音应该有一定的流动性、节奏性。在电影制作中，由于电影自身的线性特点，这一点相对容易达到。因为在线性空间中，更容易计划特定的节奏主题、构建声音效果。而网站在这个方面有些不可预测。用户在页面上可能会有一个菜单区来选择路径。（而且出现的声音应避免完全重复）即便这是随时都能在现实中听到的声音。混合多种不同的声音创建特殊的音效——当鼠标滑过这个区域的时候，无论用户操作的目的是什么，系统会产生与之节奏近似的声音变化。完成这个设计，并不需要你有多强的节奏感，事实上，很多人都有很好的节奏感，只是他们一直没发现而已。另一方面，当你制作类似效果的时候，多用耳用心去领悟。

正如上文所述，滚动菜单中的声音应当是多变的，不要每次都出现一样的声音。这将是你在本书第五章所学内容的一次很好的实践机会。用一些特定的音程及和弦进行混合得出新音效的方式，将在网络背景中得到进一步的发展和利用。

用户普遍倾向于简单的声音效果，过去复杂的音效，会将用户原本集中于网页内容的注意力转移到其他地方，而这是网站老板不希望发生的事情。通常来讲，过去复杂或混合质量较差的音效会导致用户离开网页。

最后一个建议是，若想设计出有趣且动态明显的音效，对整个频带进行开发是极其重要的。合理运用低、中、高不同的频段，将它们进行创造性的结合，可使网站的音效听起来很有新意。

需要避免的几点

对于网络音频设计，有几点是需要避免的。第一点就是不要在网站首页嵌入声音。由于多功能网络扩充服务（MIME）种类的不同，以及千百种可能的原因，使得用户不能在登录网站的同时就听到你嵌入首页的声音，甚至在某些时候，在首页嵌入声音会导致浏览器崩溃；另一个需要注意的事情是，尽量让循环的声音听起来有吸引力。如果在网站中一直播放着连续不断的循环音乐，它的单调乏味很快会导致用户产生厌烦情绪。而最最重要的一点是你选用的音频素材，万万不可是低分辨率或音质较差的声音。低质量的音频素材在网络中只会显得更糟。

音频的实现

将声音运用于网站之中，一开始可能会引起混淆。用户有很多方式接收网络中的声音。他们可以下载声音文件用于播放，或是利用网络进行传输，这意味着在声音文件由网络传送至你电脑的同时，就可以听到它了。本章将涉及音频下载的部分内容。作为一名声音设计师，你应当熟悉在网络上添加音频的方式，但由于相关编辑器、标记语言以及声音执行工具的种类较多，本章将列出最基础的网络语言的基本结构。利用 Mozilla Firebird 浏览器，你可以简单地尝试使用**超文本标记语言**（HTML），你将对编码以及如何将声音嵌入网络有一个初步的了解。当你决定投身于有关网站开发的编程工作时，通过接触各类网站及学习相关软件的使用技巧，你将收获更多的专业信息。

```
<html>

<head>

</head>

<body bgcolor="white">

<A Href="yourfavoritesound.wav">Push to hear</A>

</body>

</html>
```

图 7 - 9

点击一个链接，用于听到声音的 HTML 代码

```
<html>

<head>

</head>

<body bgcolor="white">

<A Href="yourfavoritesound.mp3">Push to hear</A>

</body>

</html>
```

图 7 - 10

插入一条 MP3 文件

运用 HTML 在网站中加入音频

图 7 - 9 是几个简单代码，工作于常用浏览器中。这些代码用 HTML 编写，用户可以插入声音，当点击链接或图片时，即可听到这些声音片段。

你也会有其他格式的声音文件，比如 MP3。除了插入的文件格式不同以外，如图 7 - 10 所示，编码看起来是一样的。

当你对 HTML 有了更多的了解，或者是你对网站编辑的工作感兴趣时，嵌入音频文件将变得更加容易。就像开头说过的，具备硬式编码的能力是非常实用的。

有关在网站上执行音频文件的内容，要学的还有很多。希望你能通过实践发现问题，并尽可能多地找到解决问题的方法。

很可能你的编码能力与网络高手还有差距，但实践终究是提高技能的好方法；更强的编码能力在日后会为你带来更高的经济收益。

总结

本章为你介绍了网络音频的世界，列出了作为声音设计师所需的技术和策略。虽然有关网络中音频素材的编程和执行内容要学的还有很多，但这其中最基本的原理，相信你已经掌握了。

复 习

1. 什么是循环?
2. 在网站内添加声音意义非凡，但请阐述哪里不适宜添加声音。
3. 列出在网站添加声音的三种可行的办法。
4. 就传输问题而言，Flash 是如何处理音频文件的?
5. 什么是文件的零电平交叉点?

练 习

1. 利用录音素材或音效库资源，创建一个包含 10 个循环的文件，尽量不使用现成的音源。
2. 在基础网页上嵌入一条音频文件。

第八章

数据流与MIDI

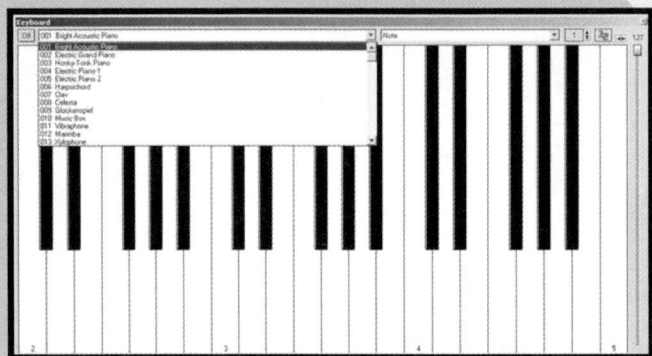

目标

流媒体的原理及 MIDI 的概念

流媒体技术的基本原理及协议

介绍

本章介绍了流媒体的原理及 MIDI 的概念、流媒体技术的基本原理及协议，同时对 MIDI 的功能也做了讲解。

数据流与 MIDI

数据流

在网络及录音棚中的声音制作通常涉及两个音频概念：数据流和 MIDI。对这两个概念做一个基础性的了解，将为日后的进一步研究提供知识框架。虽然数据流和 MIDI 跟声音设计没有直接的关系，但这两者在音频领域中都扮演着重要的角色。因此，本章将对其中的重点内容做相关介绍。

数据流可以被理解为使用多媒体文件——经由网络发送，将一个特定的数据流传输至客户端。音频流和其他类型的流媒体遵循的是同一个规则，所以"流媒体"在此作为一个通用术语来指代"音频流"。

数据流存在于我们的日常生活中，比如大家熟悉的网络广播站。数据流技术可将数据流通过不同的网络连接方式传送至用户一端。有些使用拨号上网的用户，只能占到很低的带宽，因此只能得到低分辨率的流媒体文件；而那些使用 DSL 或电缆调制解调器甚至更高级别连接方式的用户，由于拥有更高的带宽，他们将收到高分辨率的流媒体文件。在很多时候，当你访问某个网页时，即通过浏览器的连接向主机服务器或其他计算机提出储存文件的要求。计算机在服务器中检索相关文件，并将其下载至浏览器窗口，或存于硬盘驱动器当中。从访问数据到完成下载，这个过程需要一点点时间。流媒体技术允许当服务器接收到请求即可对页面进行访问。数据流是在"传输"当中的，你可以实时，而无需等到全部数据下载完毕再开始你的阅读。对于下载到的流媒体文件，虽然你尽了努力也付出时间来等待，但文件质量是很难得到保证的。

若想体验流媒体文件或网络广播，计算机的显卡、声卡以及扬声器是不可少的，当然，相关的媒体播放软件也是必备的。常用的流媒体播放软件有微软公司的 Windows Media 和 RealNetwork 的 RealSystem G2。

发送流媒体文件

无论是用硬件还是软件来发送或编辑数据代码，当你在接收流媒体文件时，有几个主要的部件决定着文件的质量和传输速度。下文列举了几个主要的传输流媒体数据的方法。

SMIL

万维网联盟（W3C）创建了同步多媒体整合语言（SMIL）。相对于其他标记语言，如超文本标记语言（HTML），SMIL 相对较小。但研发者却可利用它将多媒体文件进行编码添加至网站之中。这意味着多媒体内容可以被分为独立的数据流用于还放，既可表现出各自代表的多媒体内容，也可合并成一个完整的多媒体文件。其优势是可以使文件变得更小、更易于存取。但 SMIL 的真正优点在于它可以以一种创造性的、有效的方式将各种多媒体内容进行组合。SMIL 之所以有这个能力，是因为它以可扩展表示语言（XML）作为驱动。XML 并不是通过给定标签对内容对象给予明确界定，而是允许其指令影响内容的定义。

带宽

带宽是传输高质量流媒体文件的关键，它体现着网络向计算机等设备传送数据的能力。网络的传输速率本可以是极快的，但如果达不到相应的传输能力，就会出现低质量的流媒体文件，你肯定有碰到低质量流媒体文件的经历，尤其是在网络当中。有时，过多的用户会同时向同一个数据源索取同一个文件，但网络的能力无法承担如此巨大的流量，这也会导致低质量的流媒体文件的产生。就好比大家都把手伸进饼干桶，总会有人戳到手抱怨没有拿够。当过多的用户同时访问某个流媒体服务器时，同样的情况就有可能发生。

带宽按照千比特每秒（kbps），或兆比特每秒（Mbps）来体现传输速率。更高的带宽可以产生分辨率更高的流媒体文件。但很明显，带宽是一定的，每人能分到的带宽就是那么多。当你准备接收流媒体文件时，传输速率是选择网络连接器的关键。流媒体，也就是视频，它依赖的就是网络的传输速度。有的时候会发生音频流先于视频流到达的情况，这就是因为视频流的数据是大于音频流的，所以有时相对于视频流，你会更快地收到音频流。这被叫作坏关键帧（bad key framing），这个听起来不可能，但它的确是发生了，毕竟很多编码、解码器是将音频和视频混合在一起的。

除了带宽问题，还有很多原因会导致低的传输速率。相对于高级的连接方式，低级别连接得到的传输速率会让你崩溃。另外，硬件也是影响传输速率的原因之一。路由器和防火墙将大大降低数据流的传输速率。同时，服务器也可能引起不必要的堵塞。无论选择哪种连接方式，尤其是当你创建流媒体内容时，优质的连接方式都是比较罕见的。不可能人人都能拥有高级的连接方式，有的人可能连边都碰不到。

连接

通常来说，你需要 10Mbps 的带宽，用于高分辨率的流媒体数据充分传输，这样你得到的音视频文件都能有较好的质量。以太网连接器即可支持最高 10Mbps 的传输率。但很不幸，目前若是普及以太网是不现实的，它的传输率的确快，但价格仍然有些昂贵。很多人都使用过传输率为 56.6kbps 的连接方式，这就是典型的拨号调制解调器（拨号上网）。支持拨号调制解调器的网站可以提供 56.6kbps 的传输率，将数据流传至用户端。目前，人们对更高速的连接器的需求也是不断增长的。无论通过哪一种方式，人们对实现更高速率连接方式的期许，态度过于乐观，实际的传输率还是很低的。网络的阻塞以及其他设备造成的原因会导致接收数据量的降低。调制解调器的传输率慢得接近"石化"，但它仍然没有退出历史舞台。但一旦新一代产品降低了成本，老款的调制解调器就将过时。

数字用户线路（DSL）和电缆调制解调器是更快的连接器类型。对于 DSL，它有两个基本种类：非对称数字用户线路 ADSL（Asymmetrical DSL）和对称数字用户线路 SDSL（Symmetrical DSL）。ADSL 可使你获得高至 1.5mbps 的接收速率和 128kbps 的上传速率。ADSL 也是多数拥有数字用户线路的网友的选择。而 SDSL 连接方式，上传和接收速率都将达到 384kbps。

电缆调制解调器是另一种快速的连接方式，它串接在用户家中的有线电视电缆插座和上网设备之间。虽然电缆调制解调器在前端分配到的带宽都供你使用且传输速率较高，但其传输率仍低于 ADSL。

有时选择哪种连接方式的决定权并不在你手中。鉴于很多连接方式并未全地区普及，所以你只能选择你所在区域能获得的连接方式。你可以联系你所在地区的电信公司，选择可行且你心仪的连接方式。如果你对传输率有着更高的要求，还有别的连接方式可供你参考。下文中将列举几种连接器，并对其传输率进行对比。你可以对它们有个了解，有的连接器售价可是极其昂贵的。

编码

无论你使用的是高速连接器还是像拨号调制解调器一样的低速连接方式，你都可以接收一定的流媒体文件。我们需要在用户的意识中建立所谓流媒体的概念。由于各等级连接器传输率的不同，流媒体文件将创建不同的分辨率，以匹配不同类型连接器的传输。使用拨号上网方式的用户，传输率为 56kbps，故其只能接收较低分辨率的文件；而同样的文件可以以高分辨率的形式传送至使用更高速连接器的用户的电脑中。当创建流媒体文件时，文件的大小是需要重点考虑的。将全尺寸文件变小的方法叫作编码（encoding），这个处理过程是删除那些能体现高品质特征的数据信息，使得保留下来的文件大小更适用于低速连接器的操作。经过编码的流媒体文件画质、音质都会明显地降低，但用户仍能获取文件的核心内容。

瓶颈

流媒体的高、低分辨率的文件都有其受众对象，但问题是，如果现在有一万个人与你一起同时访问同一个流媒体文件，会发生什么情况？网站将停滞，你能获得的传输率与正在激增的访问量成反比。如果这样下去的话，总有一天, 现有的带宽将不能承载越来越多的数据传输压力。但这还只是一个小问题。展望流媒体的发展, 更严峻的问题是绵延不断的信号占据着网络, 网络空间变得拥挤不堪。

未来的数据流技术将会解决这些问题, 但目前研究人员更为关注的课题是: 研发传输率快于 DSL 和电缆调制解调器的新一代产品, 因为运用电力通信技术的光纤到桌面 (FTTD) 及以太网络的传输率是大大快于它们的。电力通信技术现在还尚未普及, 但相信在新一代连接器产品中它将得到广泛的应用。

表 8 – 1 　各种连接器及其传输速度

连接器类型	传输率	相关描述
56K 调制解调器	上传及下载速度, 上限为 56kbps	最常用的连接器类型 安装简便, 成本低
ISDN 综合业务数字网	128kbps	由于使用了比模拟技术更稳定的数字技术, 可确保传输速度一致; 可时刻保持在线状态 价格相对昂贵, 产品已过时, 没有全区域普及
DSL 数字用户线路	384kbps 或更高	可时刻保持在线状态, 使用一个共享电话线, 但不会干扰语音或传真传输 已有的电话线路会使信号不稳定, 上行速度相对缓慢, 没有全区域普及
电缆调制解调器	384kbps 或更高	可时刻在线, 且不会影响电视信号的接收, 快速的上、下行速度, 多台电脑共用会使传输率降低
T1	1.5Mbps	广泛用于商业领域, 稳定, 价格昂贵
T3	45Mbps	价格极其昂贵, 稳定, 用户多为对网络有巨大需求的大型机构
以太网	10Mbps	用于局域网使用 (LANs) 而非英特网
快速以太网	100Mbps	用于局域网使用 (LANs) 而非英特网

数据流理论简述

为了创建流媒体的内容, 你应对此过程中的基本理论做一些了解。现场直播和流媒体文件通常占了流媒体中音频流的绝大部分。但它们将声音转为音频流的过程则略有不同。

表 8 – 2　在互联网上的直播

直播信号通路
信号经由声卡进入电脑进行编码
编码器接收由声卡传入的数据，转换后发送至服务器
服务器通过互联网将编码后的音频数据流发送至用户电脑
用户电脑将数据流转换为可读的音频格式后即可播放

表 8 – 3　在互联网上的音频流

音频网络传输
音频内容转换成流媒体格式
音频数据传至于服务器中，等待指令
用户与网站互动，应用数据流
数据流被转化为音频格式，用户通过音频设备播放这条声音
数据流编码算法

　　通过一种压缩算法可创建流媒体文件。事实上，多媒体数字信号编解码器（codecs）才是创建流媒体文件的关键。能够压缩及解压缩音频文件并对它们进行播放，这的确是互联网的一大福音，没有它们就没有我们今天所知道的数据流。

　　一共有两种方式可对视频及音频文件进行压缩：有损及无损压缩。

　　有损压缩移除了原文件中的小部分数据，使其变得更小。这其实并不是一种真正的压缩方式，因为压缩意味着在解压时能恢复全部原始数据，但有损压缩移除的是原数据中潜藏的、不影响听众收听效果的数据，而移除的数据是不能被恢复的。MP3 就是一种有损压缩的格式。而这正是问题所在：有损压缩文件可以"听到"丢失的信息么？经过训练的耳朵是可以即刻分辨出低数据率的文件或是 MP3 格式较差的编码。关于有损压缩，有一点你必须牢记：就算是解压缩，原文件中丢失的数据是永远也不可能找回来的！我们可以从中得到一个启示：尽我们所能，创建高质量的原音源，而且要及时备份。一旦你拥有了一份高品质的原声记录，在确保有备份的情况下，可以随时对副本进行压缩。

　　有损压缩的优势在于它可以把相对大的音频文件（红皮书标准下，1 分钟音频文件有 10 兆大小）压缩成很小的文件，适用于网络环境以及数据流的传输。

　　无损压缩将数据收缩至更小的信息组，而非移除原文件中的数据。压缩过程中被暂时丢弃的数据，可在解压缩时全部恢复。无损压缩解决了压缩之后音频质量的问题，但其压缩方式和有损压缩完全不同。它的解压效果非常理想，在播放时没有任何的数据丢失。但文件也因此变得很大，不太适用于网络环境。如果降低采样率和位深值，那么还有传输无损音频数据的可能，但最终试听结果可能还不如一个高质量的经过有损压缩的 MP3 音质好。

FLAC（自由音频压缩编码）是一种致力于无损压缩的音频格式。不同于常用的 ZIP 和 gzip（GNUzip），FLAC 是专为有效压缩音频数据而设计的算法。对于一份 CD 音质的音频文件，ZIP 的压缩率是 20% 到 40%，而 FLAC 的压缩率能达到 30% 至 70%。因此，FLAC 也成了网上传输现场音乐的首选无损格式。

表 8 - 4　常用音频编解码器举例

MP2	Layer2 Audio codec
MP3	Layer3 Audio codec
MPC	Musepack
Vorbis	Ogg Vorbis
ACC	Advanced Audio Coding
WMA	Windows Media Audio
ATRAC	Adaptive Transform Acoustic Coding
DTS	DTS Coherent Acoustics
AC3	Ac - 3 or Dolby Digital A/52

流媒体文件格式

有很多种可用的音频流文件格式。到目前为止，比较常用的音频流有 MP3，RealNetwork 公司的 RealAudio，Macromedia 公司的 Flash，微软公司的 Windows Media，以及苹果公司的 Quicktime。

与流媒体一道，媒体类型是常见的可供下载的文件类型，比如 WAV、AU、MIDI 以及 MP3。

具体选择哪一种类，取决于几点因素的考虑，而最重要的取舍原则是这个文件格式是否适用于目标客户。如果用户使用的是苹果 OS 操作系统，那就很难播放微软公司的 Windows Media 格式，故必须考虑到文件格式与用户电脑系统的兼容问题。值得肯定的一点是：所有的相关播放器都增强了自身的兼容性。因此，微软公司的 Windows Media 不仅支持 MP3 格式的文件，其他格式的文件也可以用它来播放。所有主流的播放器都做着同样的改变，RealAudio 正是其中的代表。现有播放器的更新速度之快，让笔者很难得到有意义的结论。此外，文件的类型也在慢慢地进行着合并，所以就目前而言，对文件类型的解释还是有价值的。

创建流媒体内容

一旦创建了音频资源，就可根据不同类型的传输速度对其进行相匹配的编码。很多软件包都可以将音频文件编码为大小不同的各种格式，以适用于几乎任意一种传输速度。

流媒体的缺点

是的，我们也要谈谈流媒体的缺点。网速一直都是个问题，而且这个问题正日益严重。很不幸，不是只有你一人在上网，你不可能拥有畅通无阻的速度，而这很有可能会引起报怨甚至彻底的愤怒。当我们每人都能拥有足够的带宽，就不会再有抱怨网速的问题。但实现这个梦想还尚需时日。造成网速慢的另一种原因来自你的电脑。打开了太多的应用程序或使用了一个很占内存的操作系统，这些都是造成网速变慢的原因。关闭没用的应用程序，尽量只使用一个浏览器，可能你的网速就会有所改观。如果速度还是很慢，你还可以试着清理一下内盘并运行注册表清理软件。无论使用哪种办法，肯定会对你提高电脑运行速度有所帮助。

结语

如果流媒体真的成为了日后你作为声音设计师为客户服务的一部分，那么有关流媒体服务器及相关软件的学习就是必不可少的。声音设计和音频编码被视为制作阶段的一部分，也是这个行业中的一个部分，但有关服务器和编程的知识却并未纳入其中。连同这本书里讲的，以一个声音设计师的身份，多考虑一下这个问题吧。没有人说这个简单。

MIDI 相关介绍

MIDI 表示音频设备数字接口。乐手手中的乐器就是一个简单的设备，发出的声音，我们称之为音乐。

关于数字体现二进制编码数据结构的内容，我们在本书第三章中已经做了全面的介绍。所谓接口，是一种允许在两个或者多个设备之间建立联系的连通设备。诞生于 20 世纪 80 年代初期 MIDI 技术，使得之前对声音的诸多设想成为了可能。MIDI 可以在多种不同的乐器及设备之间建立连接，比如键盘、合成器、采样器、计算机、调音台、磁带录音机、效果器以及其他各种乐器。

为了在多设备连通中建立一个通用标准，MIDI 标准于 1984 年公布。在此之前，每个设备都有自己独立的标准，而这也让业内音乐人士恼怒不已。自通用标准建立后，几乎每一块声卡、每一件电子乐器都可支持 General MIDI 标准。

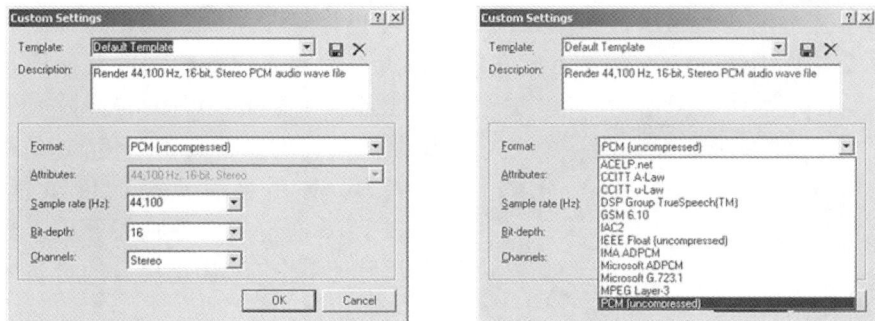

Sound Forge 自定义设置

图|8－1|

Sound Forge 中的编码选项

MIDI 到底是什么？

MIDI 不是声音。MIDI 数据以二进制编码的方式表示某一音乐的特性。MIDI 信息的传送是通过发送二进制数字信息，由电缆单向传输的。传送的数据包含了能体现某种音乐表现力的特定参数。参数可以体现诸如像键盘演奏中的强弱变化、哪个音是重音、什么速度、音量如何等各种信息。全部的信息都由一个设备发送至另一个设备，并用终端用户进行解码。对 MIDI 的误解之一就是，在 MIDI 电缆中传输的就是音频文件，事实不是这样的，它传送的只是二进制的编码数据。

MIDI 的优势

使用 MIDI 技术有很多优势。最神奇的一点就是，一条 MIDI 电缆可同时传送多至 16 通道的信息。对于模拟音频来说，同一时间内，电缆只可单项传输 1 通道的单声道或立体声音频文件。使用 MIDI 的另一优势是 MIDI 几乎兼容所有的声卡。这意味着，如果你使用 General MIDI 规范写下一小段曲子，那么你的作品就可以在世界上任意一台带声卡的电脑上播放出来，这就是 MIDI 的兼容性。同时，MIDI 不仅可以控制音乐，还可以控制其他设备，比如灯光。全球兼容性就是 MIDI 技术成功的关键所在。

MIDI 的劣势

MIDI 技术也有一些不足。一个突出的问题就是 General MIDI 的音色虽然出现在全球每一台计算机中，但声音听起来优美度欠佳。你听到的都是 "MIDI" 的声音。General MIDI 有的只是很普通的音色，事实上，多数人都认为它听起来并不悦耳。当然，如果更换了音源库也许这个问题就能迎刃而解，但问题是，你用新的音源库创建文件传给别人，但对方电脑使用的音源库很有可能还是 General MIDI 的。另一个问题是一旦你的设备具备了传输 16 通道的能力，你就会有更高的传输需求。而多于 16 通道的文件则需要更多的电缆及另外一个有 MIDI 接口的设备才有传输的可能。

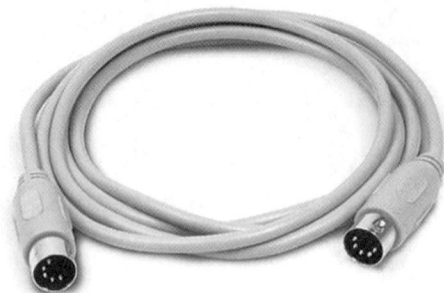

图|8－2|

MIDI 连接头

MIDI 详情

如上文所述，16 通道的数据可由一条电缆单向传输。一个 MIDI 设备可同时还放多至 16 轨的声音素材。如果还放的是全部或是多于一轨的声音，那么每一轨都会有自己独立的声音和音色，这也使得用 MIDI 谱写管弦乐曲成为了可能，而麻烦在于每台设备音源号的不同会导致音色的不同。比如，在你的系统里，1 号是三角钢琴的音色，但在别人的系统中，1 号可能完全是另外一种乐器的音色。造成这样的原因可能和用户连接了键盘或是其他的 MIDI 声音制作设备有关。不可能大家用的都是完全一样的**音源库**。上文提到的 General MIDI 标准，虽然得到了一定程度的认同，但由于其缺少一个除 General MIDI 以外的通用的播放设备，对于声音设计师，尤其是网络音频设计师而言，它还不够完美。通常，声音素材都出自特定的 MIDI 音源库，内容有买的也有自己创建的。

全部 MIDI 数据均有 MIDI 电缆传输，电缆两端是 5 芯的 DIN 接头，根据连接类型，接头有公母两种。所有可见的 MIDI 插口都是"母头"，需要和电缆的"公头"相连接。

电缆的长度也会影响 MIDI 信号的质量。电缆的最佳长度是小于 20 英尺（1 英尺 =0.3 米），常见的商业化生产的电缆长度为 3～6 英尺。

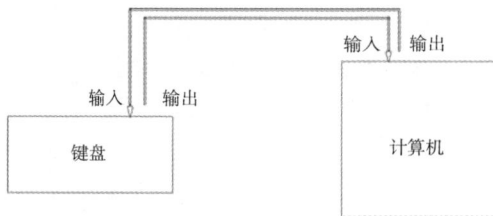

图|8－3|

键盘与电脑利用 MIDI 连接方式建立的了连接

MIDI 连接

连接 MIDI 设备并不难，但你要是想一次性让全部设备都投入工作，那还是有一定的技术难度的。基本上，常用的设备有键盘。通常，键盘的背面会有三个插口，MIDI in、MIDI out 和 MIDI Thru。打个比方，如果电缆的一端连接了键盘上的 MIDI out，那么其另一端就该连接到电脑的 MIDI in 插口中。这样可在键盘与电脑中创建一个回路。

MIDI Thru 用于与另一乐器的 MIDI in 插口相连接，形成相互联系的串级链（daisy chain）。与 MIDI in 最明显的区别是，MIDI Thru 接收到一个乐器发送的数据流，并将其以一种组合的方式传送至下一个乐器，在数据发送至终端的沿途可被检测到。除此以外，可将 MIDI in 与 MIDI thru 视为同一个插口。

MIDI 音色

General MIDI 配有一个音源库，依照 General MIDI（GM）特定标准，此音源库里有 128 种音源，既可通过 MIDI 设备进行选择，也可以通过类似 Sound Forge 软件进行操作。

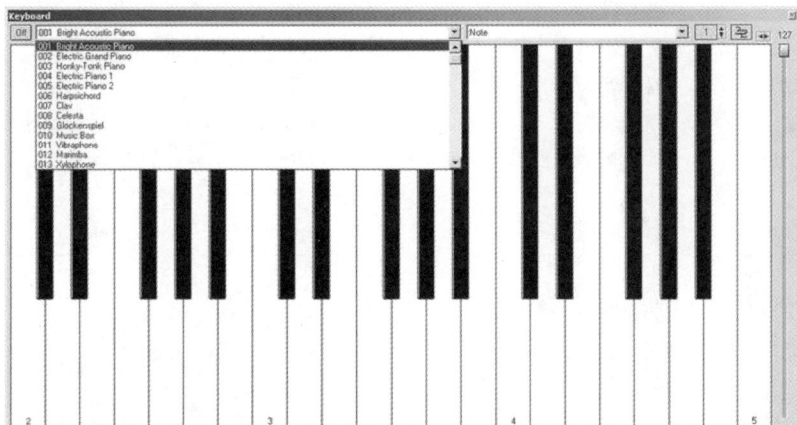

图|8-4|

Sound Forge 里的 MIDI 下拉菜单

General MIDI 特定标准中的音源被划分为几个特定的类别，全部的音源分类如表 8-5 所示。

General MIDI 声音图谱

大体上，将原始录制的声音素材与一个正弦波相结合即生成了 MIDI 声音。这意味着什么呢？每一个声音都含有着可被测量和重复的谐波。简单来说，MIDI 的声音是基于频谱峰谷值上重建乐器声音的尝试。如果你混合了从 100Hz 到 700Hz 全部的奇次谐波（odd harmonics），你就会得到一个像是木管乐器的声音。这将是你创建属于自己的 MIDI 声音的开始。

表 8 – 5 常用的 MIDI 音色列表

通道	乐器	通道	乐器
	钢琴		半音打击乐器
1	三角钢琴	9	钢片琴
2	亮音钢琴	10	铁琴
3	电钢琴	11	八音盒
4	酒吧钢琴	12	颤音琴
5	电钢琴 1	13	马林巴琴
6	电钢琴 2	14	木琴
7	羽管键琴	15	管钟琴
8	古钢琴	16	扬琴
	风琴		吉他
17	爵士风琴	25	古典吉他（尼龙弦）
18	敲击风琴	26	民谣吉他（钢弦）
19	摇滚管风琴	27	爵士电吉他
20	教堂管风琴	28	电吉他（原音）
21	簧风琴	29	电吉他（闷音）
22	手风琴	30	电吉他（浊音）
23	口琴	31	电吉他（失真）
24	探戈手风琴	32	和音吉他
	贝司		弦乐器
33	原音贝司	41	小提琴
34	手弹电贝司	42	中提琴
35	匹克电贝司	43	大提琴
36	颤音贝司	44	低音提琴
37	重贝司 1	45	颤弓弦乐
38	重贝司 2	46	弹拨弦乐
39	合成贝司 1	47	竖琴
40	合成贝司 2	48	定音鼓
	合奏		弦乐器
49	弦乐合奏 1	57	小号
50	弦乐合奏 2	58	伸缩号
51	合成弦乐 1	59	低音号
52	合成弦乐 2	60	闷音小号
53	（啊）诗歌	61	法国号
54	（喔）语音	62	铜管乐
55	合成人声	63	合成铜管 1
56	打击交响乐	64	合成铜管 2

续表

通道	乐器	通道	乐器
	簧乐器		吹管乐器
65	低音萨克斯	73	短笛
66	中音萨克斯	74	长笛
67	次中音萨克斯	75	直笛
68	上低音萨克斯	76	排笛
69	双簧管	77	瓶笛
70	英国管	78	日本尺八
71	低音管	79	笛哨声
72	单簧管	80	陶笛
	合成音		合成背景音色
81	方波	89	新时代声
82	锯齿波	90	温暖
83	诗歌	91	多重合音
84	合成吹管	92	人声合唱
85	合成电吉他	93	低音琴弓声
86	人声键盘	94	金属声
87	五度和音	95	光晕
88	贝司吉他合奏	96	风吹声
	合成效果		民族乐器
97	雨声	105	西塔琴
98	电影配乐声	106	五弦琴
99	水晶	107	三弦琴
100	自然气氛声	108	古筝
101	晴朗天气	109	卡利玛钟琴
102	魅影	110	苏格兰风笛
103	空谷回声	111	古提琴
104	科幻声	112	唢呐
	打击乐器		音效
113	叮当铃	121	吉他摩弦
114	阿戈戈鼓	122	呼吸
115	钢板鼓	123	海浪
116	木板鼓	124	鸟鸣
117	日本太鼓	125	电话
118	古高音鼓	126	直升机
119	合成鼓声	127	鼓掌
120	钹	128	枪声

你可以以一个声音设计师的身份，在不同的谐波和动态量中做各种尝试，去创建为你独有的 MIDI 音色，无论最终生成的音色实用性有多强，你都会从中收获颇丰。

波表声音

由于 General MIDI 以及对声音进行数字建模局限性，引领了波表合成技术的发展。波表是将录制的原始素材采样逐个地储存于 MIDI 音色之中，主要用于合成器制作自然声音。波表中的采样很小，由于是采用真实的声音样本进行还放，其效果听上去更自然真实。这是在"MIDI 声音"方面的一大进步。波表中不同的声音样本在还放中应用于声音的不同部分，比如，一个声音的起音（attack）和释放（release）部分可能运用的是不同的采样样本。利用小的声音样本来组建整个一条声音的优势，只需占用计算机很少的处理能力就可以完成。而且制作出来的声音听起来效果也很好，尤其当你知道它是如何被生成出来的时候。不仅如此，单个的波表采样样本可以被合成为一个更加真实的声音。运用 MIDI 就应当进一步研究波表合成技术。当你想让你的 MIDI 文件听起来效果更好的时候，可下载声音文件（DLS）也是一个不错的选择。它能允许你试听并享用上千种 General MIDI 里没有的音源。你可以用自己的声卡播放这些音源，也可以利用一个硬件或软件采样器下载这些音源，运行于你的电脑中。DLS 最伟大的一点在于，你只需对这些音源稍作调整，就可以二次制作出一个真正为你所需的音源了，听起来很不错是不是？只要你愿意投入时间研究，一切皆有可能。现在就开始阅读学习与此有关的内容吧。

总结

流媒体和 MIDI 技术是与数字音频实践有关的两大方面。服务于网络或流媒体音频领域的声音设计师更应着重了解本章所讲述内容的原理。虽然书中没有过多涉及如何成为一名声音设计师，但看完这本书，当你准备向这个方向靠拢的时候，你潜意识里已经储备了相关的知识。

复 习

1. 哪些是比较流行的音频文件编码？
2. 什么是 MIDI，它的定义是什么？
3. 连接 MIDI 设备需要特殊的电缆么？
4. 流媒体的利弊各是什么？
5. 解释在前期策划流媒体文件时，为什么不同类型的连接要使用不同的传输率。

练 习

1. 描述同一段音频文件用 MP3 格式和 WAV 格式播放时的区别。
2. 将一个文件创建为分别适用于 56K 调制解调器及 DLS 连接方式传输的大小。

第九章

各种环境下的声音

目标

介绍可以适用于音效和音乐的应用程序和引擎

游戏引擎修改器是一款在非游戏条件下增加互动性效果的软件

介绍

本章介绍了与音效及音乐有关的应用程序和引擎；将音效应用于这些程序包中是利用目前最主流的将声音融入游戏环境中的方式；本章的重点是介绍游戏引擎修改器及用于增加互动效果的相关软件。

各种环境下的声音

虚拟声音环境

声音运用于虚拟环境的范围很广，教育、培训，成熟的医疗领域到高分辨率的游戏等都有涉及，在这些虚拟环境中加入声音，用于访问和操纵潜在的代码以达到预期的效果。如今，值得庆幸的是音响设计师可以专注于他们的本职工作：声音设计。这是通过消除大部分的编码过程而完成的。举个例子，在配有逐步介绍功能的虚拟博物馆中，所有的有声解说和音乐都可以通过 GUI（图形用户界面）被直接使用。在这种情况下，声音设计师在控制和编程方面的工作是可以避免的，所以，对于一个新创建的大规模视频游戏而言，程序员的工作仍是关键。在游戏研发团队中，程序员与艺术师两个部门间经常相互竞争。团队中的艺术师是指游戏中全部视听形象的创造者，而程序员则负责添加游戏中的互动效果。而竞争的结果往往是程序员获胜，因为对于一个游戏而言，它的核心任务是为参与者服务：游戏的互动性重于一切。但如果你是一个声音设计师或是作曲家，在这个研发团队中可以掌握一点支配权的话，那么最终的成品中可能会实现更多的声音构想，而不是任由程序员摆布。当然，这个情况不会经常发生。因为当程序员搭建一个新的游戏引擎时，使用游戏编辑器的便利之处就在于它替代了音效设计师或作曲家的一部分工作，而这也导致音效设计师、作曲家失去了一定的支配权。但要牢记一点，每个研发团队都是不同的，各有各的规则。

如今，很多游戏都提供游戏编辑器，从而使玩家可以自建游戏级别甚至是整个游戏。游戏编辑器基本上是通过修改游戏引擎，从而完成一个新的游戏设计。有的游戏的源代码是面对公众开放的，但这种情况比较罕见。一些规模较大的游戏公司面对玩家发布游戏的源代码，Quake 就是这其中最知名的一款游戏。公布源代码，使得程序员可以修改并执行新的代码。游戏的图像、互动性，当然还有音频都是游戏引擎的组成部分，都可以被设计师操纵使用并调整参数。但这也有不足：没有多少人能在源代码上进行再次编码，对于参与这个项目的艺术师而言更是这样，并不是因为他们没有修改权限，而是因为他们不具备再次编码所需的技能。现有游戏声效和互动性设置是由游戏编辑器控制的，如果游戏编辑器中能有一个声音引擎来控制这两者，那么艺术师参与其中的可能性将大大增加。还有一个办法就是找到一份在互联上创建 3D 空间的前期工作，在这个环境中添加、处理声音对象就将运用到一个多年前的标准：VRML。

VRML 的建立

VRML（虚拟现实建模语言）的建立，是对三维互动环境的响应。VRML

第一条标准于 1995 年发布，业内认为它将大有前途。VRML 最初的计划是很理想的，一度被认为将会成为主流，但它却随着第一番努力的停滞而止步了。随后发布的 VRML2 做出了一些调整，在虚拟环境中允许了更多互动性及创造性成分的存在。除非互联网上广泛运用 3D 技术，否则 VRML2 的使用率不会太高。

　　尽管人们做了很多努力试图改变现状，但一切都没有真正流行起来。但不管怎样，多数的 VRML 使用者可以同时掌握 VRML 和 VRML2 技术。

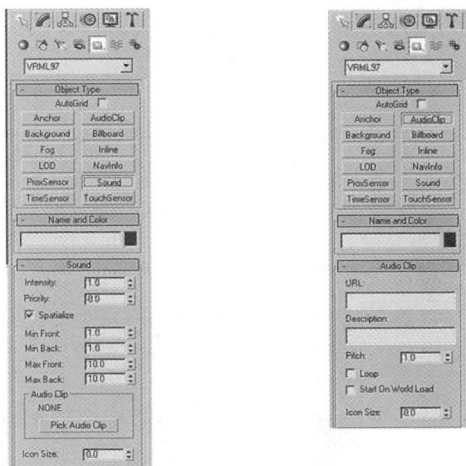

图 9 – 1

3D Studio Max 软件里，VRML 中的不同声音参数

　　作为一个声音设计师的教学工具，VRML 还是非常实用的。它有很多不同的参数，可以应用于 VRML 的音频组件中。学习如何利用 VRML 环境中的音频资源，将有助于学生了解如何在虚拟环境中处理声音对象。这一点非常关键，特别对于游戏引擎一类产品的设计来说是非常重要的。此外，这使得低成本或零成本创造互动性的 3D 成为可能。

　　3D Studio Max 是一种先进的三维动画渲染和制作软件，已经更新了很多代，但其 VRML 的属性始终不变。这个软件的出现，将视觉内容创造者构想中的虚拟几何世界呈现在了观众面前。虽然 VRML 技术已不再被人津津乐道，但也许是因为很难被消除或仅是为了保持这个选项可用的原因，总之 3D Studio Max 在程序中仍然保留了 VRML 的属性。Maya 是另外一款顶级三维动画软件，在程序上也保留了 VRML 的可用性，但其操作界面相对有些复杂。我们只需简要地看看 VRML 在 3D Studio Max 中的关键属性，就能领略到这个顶级软件在功能上的无限潜力。如果你还没有拥有这款软件，那你更应该加倍关注 3D Studio Max 所具有的性能，当声音和互动性设置可以让用户个人来控制时，你终将会拥有这款软件。

3D Studio Max 软件中的 VRML 属性

　　典型的 3D Studio Max 软件操作界面看起来和当今市场上类似的高端产品多少有些相似。

　　在查看 VRML 文件前，首先要安装兼容 VRML 功能的浏览器，最好的选择是 Parallel Graphic Cortona 浏览器。它不仅仅是一个浏览器，因为当你浏览网站时你会发现，它会处理几乎所有的 VRML 网站。一旦安装上了这款浏览器，你将见识到 VRML 的世界。

注释

Cortona 支持多种浏览器，包括 IE、Mozilla 以及 Opera 等。如果你使用的是另外某种浏览器，请查看 Parallel Graphic 所支持的全部浏览器名单，或试着安装浏览器插件，看看会发生什么。

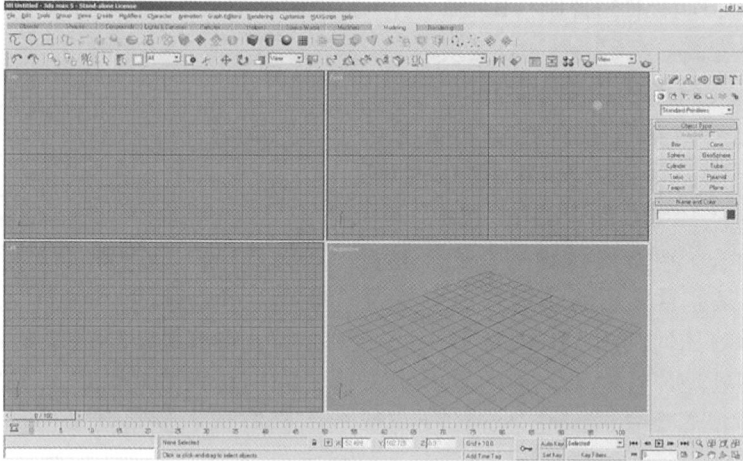

图 9 – 2

3D Studio Max 的主要操作界面

3D Studio Max 中的声音节点和音频节点

图 9 – 3

3D Studio Max 的所有 VRML 属性

在 3D Studio Max 中，有两个对象直接关系的声音的实现：**声音节点**（sound node）和**音频剪辑节点**（audio clip）。声音节点是音频素材在虚拟空间中的实际位置，而音频剪辑节点仅是声音在特定服务器或是硬盘驱动器上的参考。为了使声音在虚拟空间内正常运转，这两者必须存在于同一空间内。通过充分利用声音节点和音频剪辑节点，在 3D Studio Max 中，可以创建整个声音世界，以 VRML 格式输出文件，并通过 VRML 浏览器播放。这是一个快速且相对容易创建交互式声音的方法。你会发现，除了声音属性，还有很多 VRML 的其他属性也在增加着这个空间的互动性。

FarCry 游戏编辑器

FarCry（孤岛惊魂）是一款流行的第一人称射击游戏。它的一大亮点就是 Sandbox 编辑器在此款游戏中提供的购买功能。这意味着玩家可以利用音频素材创建自己的 3D 游戏世界。你可能注意到了，在其他游戏编辑器中，所有游戏的素材都要经历编译、审查之后重新导入的过程，以完善游戏本身。

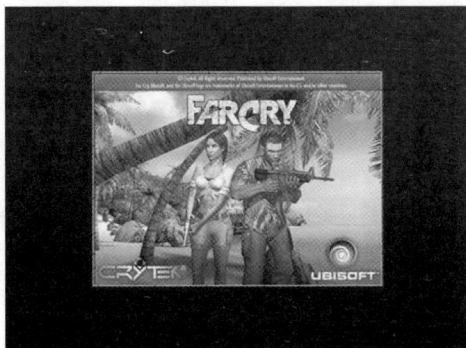

图 9-4

FarCry 游戏截图

利用 CryEngine Sandbox，编辑器可允许玩家在设置环境和游戏环境中自由切换，允许实时调整游戏参数。试想一下这意味着什么吧：在游戏中，你将音频素材加入编辑器，并检查了他们触发性是否完好，之后只需使用快捷键"CTRL + G"，你就又返回了游戏模式，听到了你刚添加的音效素材。

Sandbox 编辑器

这款编辑器几乎可执行任何类型的创建，尤其适用于户外场景的创建。

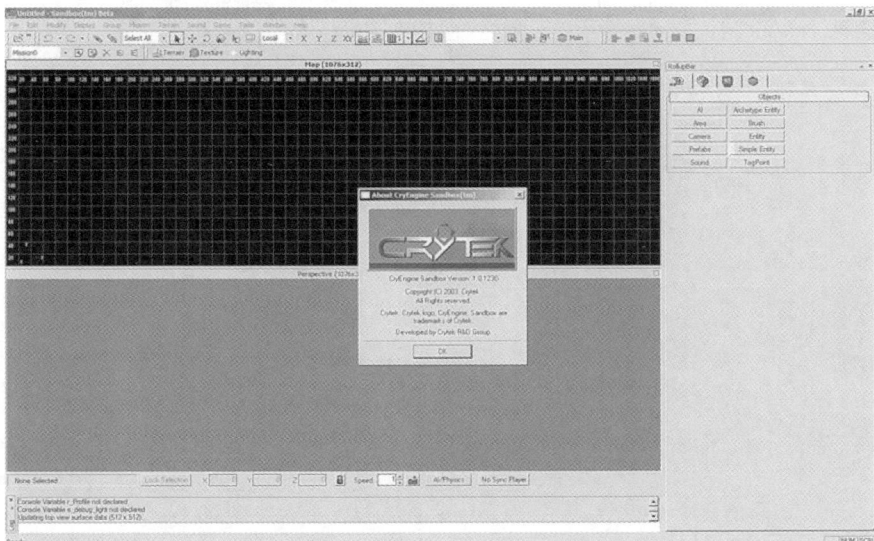

图 9-5

CryEngine Sandbox 工作界面

现阶段面临一个棘手的问题，你们中的大多数不会太在意这一点，但这真的不应该，此问题就是编辑器可以很容易地导入像 Maya 和 3D Studio Max 做出的对象，但它的兼容性仍有待提高。而研发者创建新插件的进度较慢，将会发生导入对象不兼容的情况。请记住，当你遇到这样的问题时，问问自己：如何将其他类型的对象也导入游戏场景？答案是：考虑导入模型。

对于一个声音设计师来讲，利用编辑器所生成的音频素材，完全可以满足试验的需求，用户将真正享受到技术成熟的专业虚拟音频空间。

在游戏中，玩家利用这款引擎，可以很容易地建造岛屿或是陆地板块，只需简单命名及设置分辨率，就可以创建整个游戏世界。

Sandbox 中的声音

Sandbox 对于声音的制作与处理涵盖范围非常广泛，并且有的时候有点复杂。总的来说在其场景内可以定义三种类别的声音。点状声音，此类声音被设置在特定地点发出，可以只发出一次或循环不断发出；环境声音，该种声音拥有充分的混响能力，具有极强的变化性和适应性；人物在场景中的行为所触发的音乐和声音。这几种声音都可以通过 Sandbox 来进行制作和处理。

点状声音

点状声音在游戏空间中非常普遍。利用 Sandbox 游戏编辑器，玩家有选择

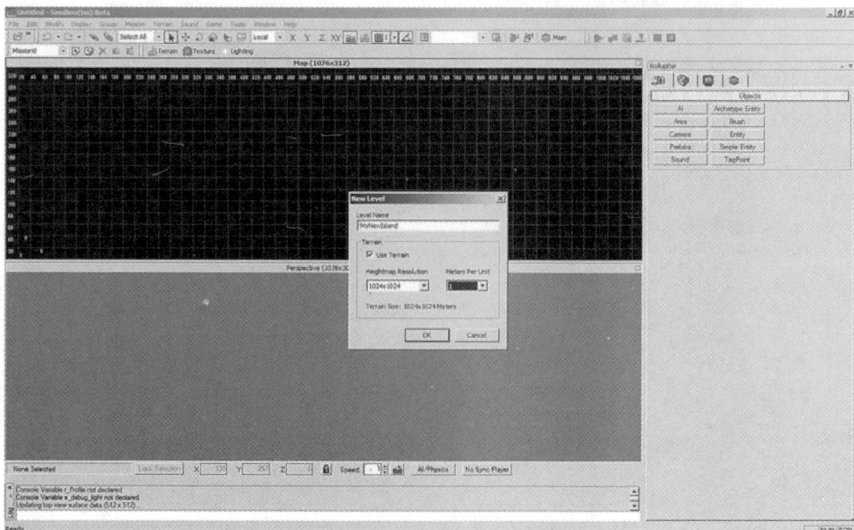

图 9-6

简单几步，造出一个岛屿

图 9-7

造出的岛屿

声音的权利，可以创建单条声音，也可以让一组声音随机或循环播放。这种随机环境声音可以创建出一个令人信服的、真正独一无二的声音空间。

如要访问音频素材，只需找到对象标签下的音响并点击即可。

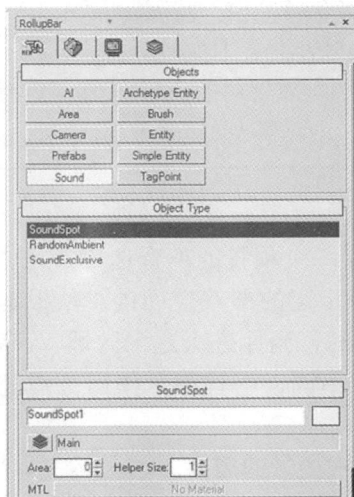

图 9-8

在 Sandbox 编辑器内的声音选项

图 9-9

声音属性

　　对于一条音频素材，你会在对象选择窗口中看到 3 个主要的声音选项。

　　这些声音属性可以让你明确游戏中每一个特定的点的具体位置及相应的音频内容。这些特定的参数也表示出该音频文件在游戏场景中的有效范围。当这个范围（是一个半球状）的内径小于外径时，就会有一个声音衰减的区域。游戏中，当你接近声音节点时，你会发觉越靠近声源，音量也随之增大。

　　同样值得注意的是，音量被设到 255，这是引擎能设置的音量上限。这表明若想适当地增减某个素材的音量，可以通过设计一个小的素材组合来实现。

　　声音素材可以通过源选项恢复初始状态。

图 9 – 10

点状声音：注意其内径和外径

　　Sandbox 中的另一个声音属性是一个预置的声音选项，允许你创建一组甚至数组音频素材，并将它们作用于指定的游戏空间内。从根本上说，这样的操作是在有声音预置的区域内完成的，当你进入这个区域，声音会自动播放。这与点状声音在地理区域中的设置不同，尽管那个作用范围是由点状声音创建的。

　　预置也可以被组织起来填补游戏场景的需要。

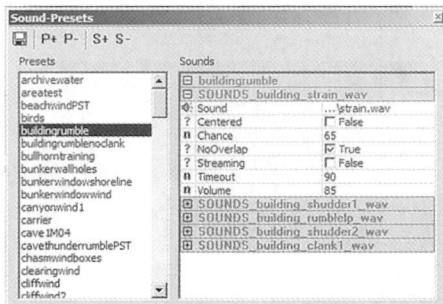

图 9－11

声音预置

实体

Sandbox 中声音的另一领域是利用人工智能（AI）实体作为声音对象。在实体盒（Entities box）的音频文件夹中，你可以发现这些人工智能实体。

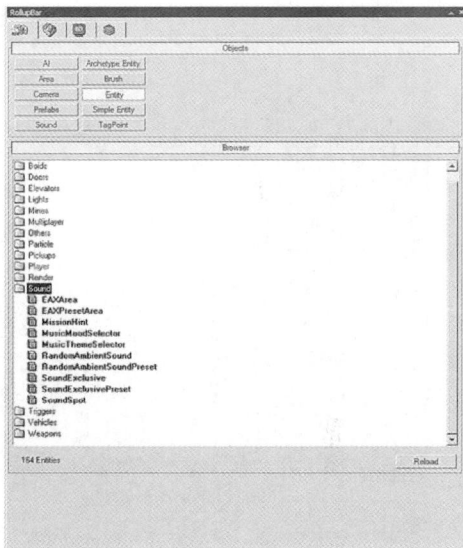

图 9－12

声音实体

这些实体被置入游戏场景内，给定参数，可作为人工实体在场景中执行指令。有没有对它感兴趣？继续往下看吧。

Sandbox 中的音乐

游戏场景中的音乐和声音提示，能让玩家感受到与游戏情节相符的焦虑感或压迫感，而在游戏场景中创建音乐和声音提示，正可以满足这个要求。CryEngine Sandbox 就具备这个让人如临其境的功能。最常用的是音乐，这个方法能获得跟添加音效一样好的效果。在游戏场景中，你指定一个对象，设置其参数，并相对应地命名为平静、危险、斗争或者休息等等，这些都取决于声音的应用，因为音源决定了游戏中的场景效果。这款编辑器可设置：警惕、格斗、接近悬念、潜行、悬疑、胜利共六种音乐环境，供玩家自由选择。选择"潜行"的音乐环境，并不意味着你听到的声响或音乐是潜行的，毕竟你听到的是游戏整体的声音效果。

Sandbox 编辑器所拥有的互动性能为声音和音乐提供无限的创意源泉，可以实现玩家任何天马行空的设想。当在方程公式中输入脚本及高级参数时，音频素材的执行会变得有些复杂，但一切问题都会被一一攻克。如果还有困扰你的问题，请登录 FarCry 论坛，搜寻答案。

如同上文中提到的人工智能音乐，适应性音频通常被描述成类似交互式

图 9 - 13

音乐实体参数

音频，但实际上这两者不是一回事。交互式音频指的是用户的操作或发生的
音频事件的相互作用；当声音事件被触发时，适应性音频有交互式音频的元
素，但会有一个更微小的声音作为对用户的操作及游戏强度等级变化或虚拟
环境互动的反应。本章介绍了适应性音频方面的知识及其技术所应用的领域。
通常，用一个游戏模型就可以解释这一切。

　　目前，有很多工具用于创建适应性音频环境。DirectMusic Producer 就是其
中的一款主流工具。虽然 DirectX 在名义上已经不存在了，但微软公司在其新
一代产品的框架内仍保留了这部分配置。

DirectMusic Producer

　　DirectMusic 是 DirectX Audio 的音频组件，包含了 DirectX 全部听觉资源。
为了便于程序员开发游戏，微软公司研发了 DirectX，PC 机在其中相当于传送
平台。DirectSound 是这个程序中的第一个部件，程序员用它来回放基础音频
对象。随后，声音设计师和作曲家获得了 DirectMusic 的一部分管理权，增强
了游戏中音乐的适应性和互动性，而游戏场景中变量环境就是在他们的部分
控制下产生的。

　　许多有关互动性设计、声音和音乐方面的构想都可以通过 DirectMusic 得
以实现。但一个困扰许久的问题是，DirectX 缺少简便的接口与 Audio layer 进

行连接。于是，DirectMusic Producer 随之问世了。这个软件作为 DirectX 安装包中的一部分，由微软公司无偿提供。目前，你可以登录 www. microsoft. com 在 DirectX 的目录中获取它的相关信息。DirectMusic Producer 让作曲家和声音设计师在创建过程中有了直接的控制权，而在此之前，这一切都由程序员全权掌控。虽然在初次使用这款软件时会感觉有些复杂，但熟悉以后你就会发觉它的功能着实令人着迷。目前 DirectMusic Producer 仍在进一步研发阶段，更多、更新的功能即将呈现。

DirectMusic Producer 概要

初次使用 DirectMusic Producer，可能会感觉有点不适应，但当你熟悉了它的操作之后，就会着迷于此。它是作曲家常用的工具，但它在声音领域也有着巨大的影响力。

托德·M·费伊、斯科特·萨尔芬和托多尔·J·费伊三人联合编写了这本好书《DirectX 9 音频探索：互动音频开发》。这本书全方位地介绍了 DirectMusic 和 DirectMusic Producer 所涉及的知识，同时对如何在 DirectX 音频环境中编程做出了详细的解释。书中列举的个案研究都是非常重要的，有助于用户更快地熟悉这款软件。

理解动态音频的核心

声音和音乐在互动环境中的三个重要方面可以被大致理解为：互动性、适应性、可变性。这三个术语很容易混淆。

互动性音频是指让用户产生互动或唤起某个音频事件的发生的音频。点击网页上的一个按钮，会发出声响，或当鼠标经过页面上的可见对象时，同样会发出一个声响。

适应性音频是对用户在界面中的变化所作出的声音反应，可以由音调、音量、配器、节奏等来体现。

可变性音频涉及的细微差异在于重复性的声音，如同反复地听现场表演。很多时候，多次重复的声音会显得做作而且让人分神。

这三个方面都可以由 DirectMusic Producer 来实现，而集合声音事件 的工作通常是由程序员来完成的。

为了更好地掌握这款软件，

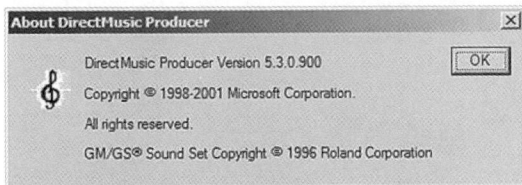

图 9 – 14

DirectMusic Producer 截图

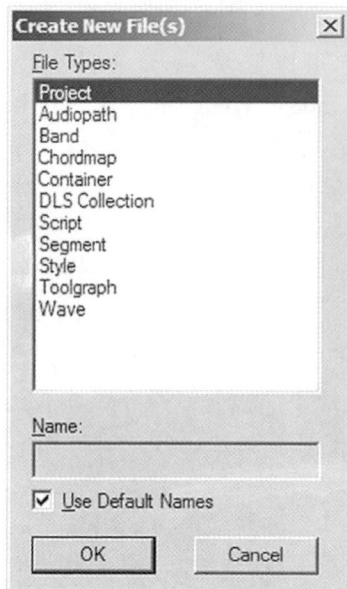

```
Create New File(s)                    [X]
File Types:
  Project
  Audiopath
  Band
  Chordmap
  Container
  DLS Collection
  Script
  Segment
  Style
  Toolgraph
  Wave


Name:
  _____
  [✓] Use Default Names

    [  OK  ]      [ Cancel ]
```

图 9 - 15

DirectMusic Producer 工程选项

分清互动性、适应性、可变性这三者的概念及区别是非常重要的。DirectMusic Producer 的特别之处在于：它以一个友好的方式迎接着每一位音频爱好者。只要你对互动音频技术感兴趣，你都可以拥有这款软件。因为它是免费的。

如果你对 MIDI 技术和可下载声音文件（DLS）不太了解，那么 DirectMusic Producer 对你来说可能会有点难度。但一旦你学习了上述的概念，这款软件将会给你的声音作品带来不可思议的帮助。

在创建新工程时，你会面对很多选项。

通过对选项进行操作，你可以实现像线性回放、波形回放等等各种各样的互动，通过可下载声音文件（DLS），在 DirectMusic Producer 中创建了样式内的可变性，同时还包括音乐和声音。

如果你是 Windows 操作系统的用户，那么你应当考虑安装 DirectMusic Producer。不会花你一分钱，只是需要点时间。只需下载，学习教程，去吧！

其他声音引擎选择器

正如前面提到的，现在很多游戏都有相应的游戏修改器，允许玩家创建自己的游戏级别及内容。其中很有意思的几款游戏比如 Doom 3、Half - life 2、Battlefield 1942，还有 Neverwinter Night，还需要我再举例子么？

这几款游戏都有相对应的游戏编辑器，但他们缺少一个良好的集成环境用于游戏世界的建立并轻松地进行管理。为了让游戏通关，玩家需要不停地对编辑器进行一定量的编译，而 FarCry 的编辑器具有的切换功能，可以省去这些步骤，让玩家沉浸于游戏之中。

总结

积累声音创建及虚拟空间经验的最好方式就是实践。本章列举了几款知名的游戏修改器及工具，适用于增强游戏互动性及创建适应性声音。相关的产品还有很多很多，希望这部分内容可以引导大家在此领域做进一步的探寻及研究。

最终总结

希望你已经学到了很多关于声音及声音设计的原理。我鼓励你们去研究与这个话题相关的一切。同时我也期待读者反馈与本书内容相关的问题与建议。

祝大家好运，享受声音设计的过程。

复 习

1. VRML 代表什么，作用是什么？
2. 描述什么是虚拟声音环境？
3. 什么是互动性音频？
4. 什么是适应性音频？
5. 什么是可变性音频？

练 习

1. 任意选择 CryEngine Sandbox 编辑器或游戏引擎编辑器，创建一个含有 10 种声音的声音世界。
2. 在 VRML 的空间内建立一个声波环境。